小麦秸秆还田下玉米机械智能装备设计方法

陈黎卿　王韦韦　杨　洋　张春岭　刘立超　著

U0263484

科学出版社

北京

内 容 简 介

本书共 7 章，以小麦秸秆粉碎还田下玉米机械化生产为主线，重点围绕玉米机械装备智能设计进行分析。本书以作者近年来在该领域的系列化研究成果为主要内容，系统而全面地阐述黄淮海地区小麦秸秆还田下玉米装备智能设计方法，是一部具有较为完整理论体系和试验验证的玉米机械智能装备设计方面的学术专著，可以为智能农业机械设计技术提供理论和方法。

本书可以作为高等院校农机、机械、机电、控制等专业的本科生和研究生的教材或教学参考书，也可以作为相关工程技术人员的参考书和工具书，同时适合科研、设计人员阅读参考。

图书在版编目（CIP）数据

小麦秸秆还田下玉米机械智能装备设计方法/陈黎卿等著. —北京：科学出版社，2020.11
ISBN 978-7-03-066758-8

Ⅰ.①小… Ⅱ.①陈… Ⅲ.①玉米收获机-智能设计 Ⅳ.①S225.5

中国版本图书馆 CIP 数据核字（2020）第 218779 号

责任编辑：陈　静／责任校对：王萌萌
责任印制：吴兆东／封面设计：迷底书装

科 学 出 版 社 出版
北京东黄城根北街 16 号
邮政编码：100717
http://www.sciencep.com

北京中石油彩色印刷有限责任公司 印刷
科学出版社发行　各地新华书店经销
*
2020 年 11 月第　一　版　开本：720×1 000　1/16
2020 年 11 月第一次印刷　印张：11 3/4　插页：6
字数：230 000
定价：109.00 元
（如有印装质量问题，我社负责调换）

前　　言

随着科学技术的飞速发展，农机装备的智能化、信息化将是未来农机发展的趋势。小麦、玉米轮作是我国粮食生产的主要模式之一，在黄淮海地区广泛应用。自2008年以来，作者对黄淮海地区小麦秸秆还田下玉米机械化生产领域进行了较为系统的研究，特别是对麦秸覆盖下玉米播种以及中后期玉米植保机械进行了深入的研究。虽然国内诸多学者针对不同区域特点开展了此方面大量的研究，取得了卓越的成果，但关于该方面的学术著作尚少，故我们决定完成这部凝聚了课题组十多年来的研究成果并充分借鉴国内外该方面研究成果的学术专著。本书以小麦秸秆粉碎还田下玉米机械化生产机械为主线撰写而成，总结并且凝练了课题组研究成果，提炼出玉米全程机械化关键环节机械装备的结构设计以及部分控制技术问题的基础理论与方法。

本书第 1 章侧重于小麦秸秆粉碎特性分析及装备研究；第 2 和第 3 章主要研究了麦秸-机械-土壤耦合动力学模型及其壅堵分析，以及麦秸覆盖地玉米播种主动防堵机构设计；第 4 章主要研究了玉米电控播种技术；第 5 和第 6 章主要研究了秸秆还田环境下玉米中后期植保机械设计与试验，以及玉米行间导航路径设计；第 7 章主要研究了玉米无人收获机设计与试验。作者希望本书成为读者朋友们在技术和科学工作时的得力助手。

本书由安徽农业大学陈黎卿教授、杨洋副教授、王韦韦讲师、张春岭讲师和刘立超讲师撰写。

本书的研究工作得到安徽省高校协同创新项目（GXXT-2019-036）、国家重点研发计划项目（2017YFD0301300）、安徽省自然科学基金项目（1708085ME135）和安徽省高校自然科学重大项目（KJ2018ZD016）等资助，在此表示诚挚感谢。

作者感谢课题组王晴晴、李志强、黄鑫、朱存玺、解彬彬、吴蒙然、王品品、陈贝、刘文峰、万玲、梁修天、俞传阳、汤庆涛、柏仁贵、潘贝托、许鸣等多名博士、硕士研究生的工作，他们为本书研究内容的充实提供了帮助；同时蒙城县育田机械有限公司、中国农业机械化科学研究院相关人员也为本书提出了宝贵的意见。

在本书的撰写过程中，参考了大量的文献、报告及资料，本书尽可能在参考文献中做了说明，但由于工作量大及部分内容作者不详，对没有说明的文献作者表示歉意和感谢！

玉米全程机械化技术是一项正在发展中的技术，书中许多内容还未完全成熟，衷心希望读者在阅读本书的过程中能够提出新问题或解决已指出的遗留问题。由于作者水平有限，书中难免有不当之处，欢迎读者朋友不吝指正。

作　者
2020 年 7 月

目　　录

彩图

第1章 小麦秸秆粉碎特性分析及装备

在麦玉两熟制地区，小麦秸秆粉碎好坏直接影响到下茬玉米作物生长[1,2]，因此研究小麦秸秆的材料性能、秸秆粉碎特性，对于研发具有高性能的小麦秸秆粉碎机具具有重要意义。

1.1 小麦秸秆特性分析

1.1.1 小麦秸秆成分

为了对秸秆的成分进行研究，特采用傅里叶红外光谱测量法检测秸秆中各段的主要成分。红外光谱属于吸收光谱，是由分子中的化学键或官能团振动时吸收特定波长的红外光产生，化学键振动所吸收的红外光的波长取决于化学键动力常数和连接在两端的原子折合质量，也就是取决于其结构特征，这是红外光谱测定化合物结构的理论依据。任何一种化学结构不同的化合物都有着属于自己独一无二的红外吸收光谱图，类似于人类的指纹一样，世界上没有完全相同的两个红外吸收光谱图。在红外光谱图中，每一个吸收峰都代表着某一原子团或基团的某种振动形式。其振动频率一方面与原子团或基团中原子质量的大小和化学键的强度有着直接关系；另一方面受邻近化学环境和化学结构的影响。而傅里叶红外光谱是具有代表性的标准红外光谱图。如果样品的红外光谱图与标准红外光谱图完全符合，则可以确定该样品为哪种物质。

样品前处理：样品的水分含量、粒度等因素会对近红外的检测结果产生较大影响，因此需要对材料进行干燥、粉碎等前处理，以便获得更好的分析准确度。故对样品秸秆各段取样，置于电热鼓风干燥机中，在60℃环境下进行6h去除水分烘干脆化，后用打样粉碎机粉碎，经高频振动球磨机进行组织研磨，至大小为100目以下，通过压片法将约1mg样品与100mg左右干燥的溴化钾粉末研磨均匀，在压片机上压成几乎呈透明状的圆片。这样测量时不仅干扰小，容易控制样品浓度，定量结果准确，而且容易保存样品。

将所成样品置于傅里叶红外光谱仪中进行分辨扫描，得到样品的化学成分分布如图1.1所示。

通过比对标准红外光谱，得知样品中均含有纤维素、半纤维素及木质素。确认秸秆各段所含化学物质后对各段物质含量通过碱提取法进行提取，以区分各段物质含量不同对秸秆粉碎效果的影响。

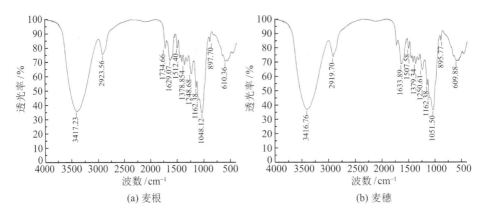

图 1.1 麦秸秆红外光谱图

碱提取法是对 Methacanon 等测定秸秆主要成分方法进行改进的一种方法，流程如图 1.2 所示。准确称取 5g（称准至 0.001g）试样，置于电热鼓风干燥机中，在 60℃环境下干燥 16h，得到干燥试样。将干燥好的试样用定性滤纸包好，按《造纸原料有机溶剂抽出物含量的测定》（GB/T 2677.6—1994）进行苯醇抽提，得到脱蜡秸秆试样。脱蜡质的试样再用 75℃亚硝酸钠和水醋酸处理 2h，105℃环境下干燥至恒重，脱去木质素，试样损失的质量即为脱木质素含量。脱木质素含量 500℃灼烧 2h 得到综纤维素。综纤维素样品用 4mol/L KOH 碱溶液（100ml/2.5g）抽提 2h，脱除半纤维素。抽取完成后进行过滤，过滤时用蒸馏水洗滤渣数次，再用乙酸洗涤得到纤维素。所得样品在 60℃环境下干燥 16h 至恒重，称量后测定滤渣中灰分含量即可计算出试样中纤维素的含量。

由此可得出麦秸秆各段纤维素、半纤维素及木质素含量。

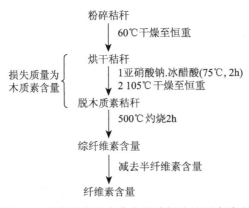

图 1.2 麦秸秆主要成分含量碱提取法测定流程

而纤维素、半纤维素和木质素是秸秆植物细胞壁的主要成分，其中，纤维素含量最多，占细胞干重近一半。纤维素和半纤维素较易被生物降解，而木质素成分较难分解，在秸秆细胞形成过程中，木质素是沉淀在细胞壁中的一种高聚物，它们互相贯穿着纤维，起着强化细胞壁的作用，因此木质素与秸秆的物理力学性能有着密切的关系。

1.1.2　小麦秸秆微观结构观察

为了了解麦秸秆微观结构，对秸秆进行微观结构的观察，主要观察方式为光学显微镜下成像和扫描电子显微镜下成像。

光学显微镜是利用光学原理，将人眼不能目测的微小物体放大成像，以便观察。现取小麦秸秆各小段样品，在蒸馏水中浸泡 12h，使其软化，取出后夹在切片机上切取样品，厚度约为 1mm，以便于在光源下进行透光观察。由于光学显微镜观察倍数（最大放大倍数为 400 倍）及观察方式的局限性，只能观察到麦秸秆纵切面具有较多纤维细胞和维管束纵向平行排列，不能明显得出麦秸秆的微观结构特点。从而继续进行麦秸秆扫描电子显微镜下的观察。扫描电子显微镜具有较高放大倍数，可观察样品表面形态，但其样品必须要有良好的导电性和足够干燥。所以将麦穗、麦根两端样品清洗后置于电热鼓风干燥机中 60℃环境下干燥 12h，达到一定干燥后，分别取干燥后的秸秆各段样品横切面、纵切面用导电性好的黏合剂或其他黏合剂黏合在金属样品台上，然后放在真空蒸发器中喷镀一层 50～300Å 厚的金属膜，以提高样品的导电性，改善图像质量，并且防止样品受热和辐射损伤。如图 1.3 所示，麦秸秆的外表面组织致密，且平滑，表面为一层蜡状物的主要成分，内表面组织疏松、翘皮较多，其由厚壁机械组织、薄壁组织和网状维管束组成，是一种多相组织构成的柔性纤维材料。

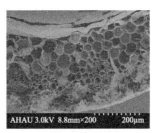

(a) 小麦秸秆样品　　　　　(b) 横切面显微结构　　　　　(c) 纵切面显微结构

图 1.3　小麦秸秆机械组织

1.1.3　小麦秸秆的宏观各向同性性质及相关力学性能参数

麦秸为管状空心茎秆，茎秆由表皮、维管束和薄壁细胞等部分组成。空心植物茎秆可视为横观各向同性材料，其纵向和横向弹性模量之比约为10，如图1.4所示。

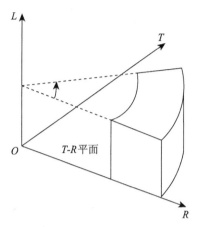

图 1.4　麦秸材料性质示意图

用1、2、3分别表示 T、L、R。1-3为同性面，2-1和2-3为异性面。小麦秸秆轴向弹性模量为 E_2；同性面1-3上的弹性模量为 $E_1 = E_3$、泊松比为 μ_{13}；异性面2-1、2-3的泊松比为 $\mu_{21} = \mu_{23}$，异性面剪切模量 $G_{21} = G_{23}$；同性面剪切模量为 G_{13}，其计算公式为

$$G_{13} = \frac{E_1}{2\left(1 + \mu_{13}\right)} \qquad (1.1)$$

研究麦秸的力学性能参数，对于进一步了解其材料性能、秸秆加工特性，降低收割能耗、提高切割效率，以及秸秆加工机具的设计研发具有重要意义；并为下面的秸秆切割仿真分析，提供数据基础。针对麦秸的力学性能，国内外学者开展如下研究。康福华[1]在自制试验台上使用应变片测量法，测出小麦茎秆受拉时弹性模量 E 为 2.00～3.16GPa；泊松比则趋近于 0.27。O'Dogherty 等对麦秸进行了拉伸和剪切等试验，测出麦秸拉伸强度为 21.2～31.2MPa，剪切强度为 4.91～7.26MPa。王芬娥等[2]通过多次试验，测出麦秸纵压强度 $\sigma_{jz}(\approx 7.40\text{MPa}) >$ 横压强度 $\sigma_{jh}(\approx 0.62\text{MPa})$；横剪强度 $\tau_{jh}(\approx 6.21\text{MPa}) >$ 纵剪强度 $\tau_{jh}(\approx 0.34\text{MPa})$。秸秆的抗压、抗剪性能不仅是小麦收割、打捆、运输、加工的重要指标，还是农业机械设计、加工机械设计和工业应用的重要依据之一。霍丽丽等[3]将不同地区玉秆和不同作物秸秆进行粉碎并研究其特性，测得小麦秸秆与金属的静摩擦系数为 0.45，滑动摩擦系数为 0.4，内摩擦系数为 0.53。田宜水等[4]测定不同地区玉米秸秆不同农作物秸秆的理化性质。测得小麦秸秆的动态外摩擦角为 21.05°、静态外摩擦角为 21.82°。综合以上分析，结合作者试验测定，整理出小麦秸秆的相关力学性能参数，如表 1.1 所示。

表 1.1　小麦秸秆相关力学性能参数

名称	数值	名称	数值
轴向弹性模量 E_2/MPa	1500	异性面泊松比 μ_{21}	0.027
径向弹性模量 E_3/MPa	150	异性面泊松比 μ_{23}	0.027
弦向弹性模量 E_1/MPa	150	密度/(g/cm³)	0.69
同性面剪切模量 G_{13}/MPa	59	剪切强度/MPa	6.5
异性面剪切模量 G_{21}/MPa	55.44	静摩擦系数	0.45
异性面剪切模量 G_{23}/MPa	55.44	滑动摩擦系数	0.4
同性面泊松比 μ_{31}	0.27	动态外摩擦角/(°)	21.05

1.2　小麦秸秆粉碎仿真分析

1.2.1　小麦秸秆粉碎机械动力学仿真模型建立

为了模拟弯折直刀式秸秆粉碎机作业时冲击切割无支撑麦秸,研究无支撑麦秸切断所需的速度、麦秸切割规律、刀片外形对切割力的影响规律。简化粉碎机模型,进行麦秸切割过程仿真[5]。秸秆粉碎机的粉碎刀片材料为 65Mn、其他部件材料为 Q235,麦秸的材料属性按照前面介绍的方法定义,此处需设置秸秆损伤模型,采用 Shear Damager 损伤模型,麦秸塑性属性定义为 Drucker Prager,屈服应力为 6.5MPa[6,7]。仿真采用 Explicit 求解器,故设置"动力,显式"分析步。要求仿真从开始至结束,刀片回转一周,回转周期为 T,分析时间按照不同刀片转速来设置。采用通用接触类型,定义接触属性,设置静摩擦系数为 0.45、滑动摩擦系数为 0.4。将刀片耦合至 RP-1 参考点,并在此点上建立局部坐标系。此处探讨秸秆所受刀片切割作用,所以不加重力作用。约束刀片只能绕局部坐标系的 x 轴旋转,此 x 轴相当于整机主轴的轴线,故刀片的旋转规律和整机工作时一致,并给定刀片恒定的转速,而不对麦秸进行任何约束。设置作业类型为完全分析。针对本次仿真的目的,将模型简化为粉碎机刀片-秸秆模型,如图 1.5 所示,秸秆位于刀片的回转圆周内,刀片绕 x 轴旋转。

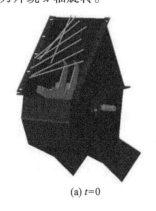

(a) $t=0$　　　　　　　　(b) $t=0.1T$　　　　　　　　(c) $t=0.2T$

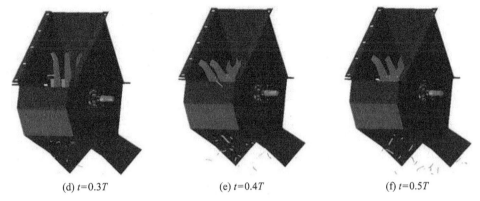

(d) $t=0.3T$　　　　　　　(e) $t=0.4T$　　　　　　　(f) $t=0.5T$

图 1.5　刀片-秸秆精细化粉碎模型（见彩图）

1.2.2　粉碎刀轴转速分析

　　分别给定刀片 2000r/min、2500r/min、3000r/min 和 3500r/min 的恒定转速，提取切割点的速度，线速度分别为 44.36m/s、55.92m/s、66.53m/s 和 77.62m/s，此时刀片刃角为 30°，麦秸切割效果如图 1.6 所示。

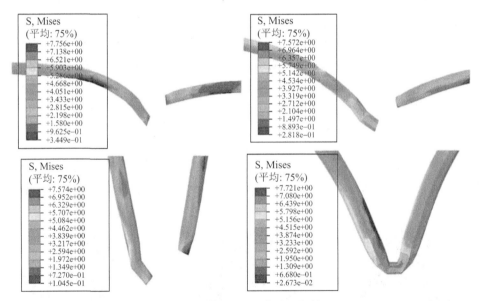

图 1.6　不同转速下的麦秸切割效果

　　从仿真试验得出：对于无支撑的麦秸，当刀片转速为 2000r/min 时，仿真自始至终，麦秸都没断裂；当刀片转速为 2500r/min 时，刀刃从第 206 个分析步接触秸秆后，秸秆随着刀片的旋转开始运动，但秸秆损伤逐渐累积，在第 233 个分析步时，秸秆完全断裂；当刀片转速为 3000r/min 时，刀刃从第 206 个分析步接触秸秆后，秸秆损伤迅速扩大，在第 210 个分析步时，秸秆完全断裂，效果好。当刀片转速为 3500r/min 时，在第 209 个分析步时，秸秆完全断裂，断裂更加干脆、迅速。由此可得出，对于秸秆粉碎机切割无支撑的麦秸，转速应大于 2000r/min，最适宜的转速范围 3000～3500r/min。转速过小时，会影响秸秆粉碎质量；转速过大时，会迅速增加功率消耗。这为秸秆粉碎机作业转速设置提供一定参考。

在后处理中绘制刀片切割秸秆时切割点的切割力变化曲线，如图 1.7 所示。

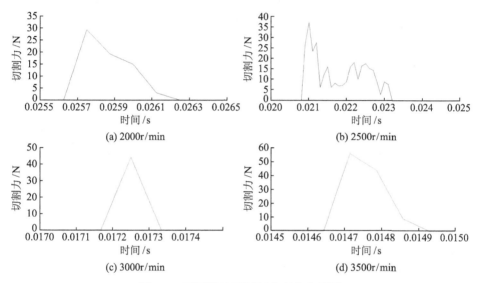

图 1.7 不同转速下切割力变化曲线图

不同转速下的刀刃峰值切割力分别为 29.34N、37.11N、44.28N 和 55.92N。由此可以看出，刀片转速越大，峰值切割力越大，切割力增势越来越快。刀片转速为 2000r/min 时，秸秆没有断裂，故对应的切割力 29.34N 不足以让秸秆完全断裂。当转速大于 3500r/min 时，其对应的峰值切割力增加的越来越快，切割功耗越来越高。转速过大时，单位时间内刀片承受载荷次数变大，刀片磨损严重。刀片转速为 3000～3500r/min 时，其仿真切割力为 44.28～55.92N，切割效果好，所以考虑刀片使用寿命、秸秆切碎合格率和消耗功率，弯折直刀式秸秆粉碎机转速合理范围是 3000～3500r/min。

1.2.3 粉碎刀片刃角分析

刀片刃角过大时会导致切割阻力增大，切割功耗相应增大；刀片刃角过小时虽然能降低功耗，但刀片损坏严重，所以应该合理选择刀片刃角。针对不同大小的刀片刃角，进行麦秸切割仿真，研究切割力变化规律。根据刀片不同转速的仿真结果，选定转速为 3000r/min，刀片刃角分别为 20°、30°、40°和 50°。经过分析计算，在后处理中绘制切割点的切割力变化曲线，如图 1.8 所示。

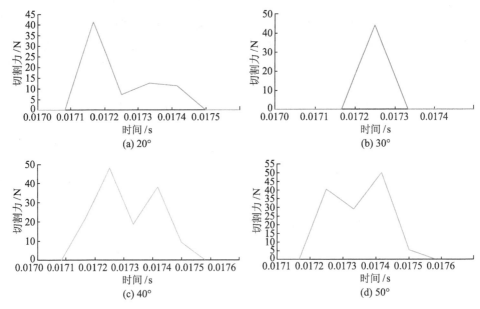

图 1.8 不同刃角下切割力变化曲线图

不同刃角下的刀刃峰值切割力分别为 41.36N、44.28N、48.18N 和 50.31N。刀片刃角增大，峰值切割力增大，但变化较小。刀片刃角较大时，刀片刃口钝，相同条件下较难切断麦秸，并导致切割力上升、功耗增加。刀片刃角较小时，刀片刃口锋利，相同条件下较易切断麦秸，相应切割力较小，但刀片易磨损、寿命低。所以考虑秸秆切碎合格率、消耗功率和刀片使用寿命，弯折直刀式秸秆粉碎机刀片刃角合理范围是 20°~30°。

基于刀辊轴、粉碎刀片、定刀组、喂料室、粉碎室、出料挡板等关键部件的设计流程，开发了配套不同联合收割机的系列小麦秸秆粉碎抛洒装置，如图 1.9 所示。

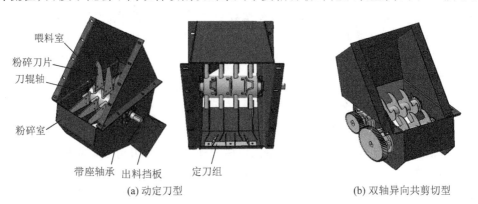

(a) 动定刀型　　　　　　　　　(b) 双轴异向共剪切型

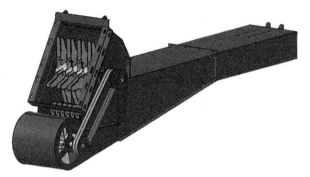

(c) 锯齿异向剪切抛洒型

图 1.9   配套不同联合收割机的系列小麦秸秆粉碎抛洒装置

1.3   小麦秸秆粉碎实时测试装置设计

1.3.1   测试装置的总体设计方案

根据秸秆粉碎机的结构特点、与联合收割机连接的安装方式及动力传动方式，检测装置的设计思想为：设计一个通用性较强的秸秆粉碎机性能实时测试装置，使其既能满足实时监测秸秆粉碎机工作状态的设计要求，也能够实现在短时间内以尽量小的改动适应不同类型秸秆粉碎机性能测试的需求[8]。由此确定测试装置的总体设计方案。

整个测试装置由动力输入部分、扭矩检测部分、转速检测部分、数据采集部分、数据处理部分和供电部分组成。动力输入部分将联合收割机脱粒滚筒主轴的动力传递至粉碎机主轴；扭矩检测部分用于检测秸秆粉碎机主动轴的扭矩；转速检测部分用于检测主轴转速；数据采集部分用于接收扭矩检测部分、转速检测部分发出的信号，并将信号传输到数据处理部分；数据处理部分根据接收的信号实时计算、显示、存储秸秆粉碎机在实际工作状态下的扭矩、转速、功率、功耗；供电部分为整个系统提供电压。测试装置结构如图 1.10 所示。

1.3.2   测试装置硬件系统结构

该测试装置不仅能实时监测秸秆粉碎机的工作参数，还能实时高速采集、显示和存储数据，并能将采集的数据进行离线处理分析。搭建如图 1.11 所示秸秆粉碎机性能实时检测系统结构，能够针对不同类型的秸秆粉碎机进行转速、扭矩、功耗等参数的测量。

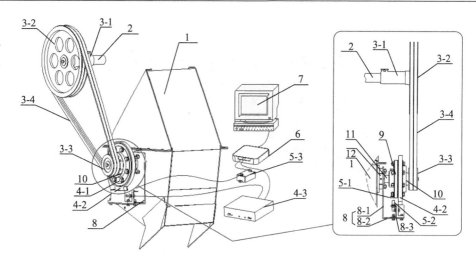

图 1.10　实时测试装置结构示意图

1. 秸秆粉碎机；2. 联合收割机脱粒滚筒主轴；3-1. 套筒；3-2. 主动皮带轮；3-3. 从动皮带轮；3-4. 皮带；4-1.在线旋转扭矩传感器；4-2. 感应天线；4-3. 信号接收处理器；5-1. 金属凸块；5-2. 感应探头；5-3. 变送器；6. 数据采集卡；7. 上位机；8.L 型支架（8-1.L 型支架纵板，8-2.L 型支架横板）；8-3.U 型支架；9. 第一法兰盘；10. 第二法兰盘；11. 秸秆粉碎机动力输入轴；12. 轴承

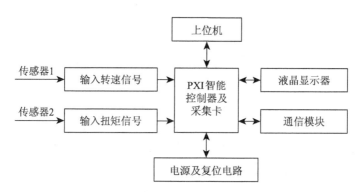

图 1.11　检测系统硬件结构示意图

　　该装置采用美国国家仪器（National Instruments, NI）公司的工控机作为上位机，显示和存储被测秸秆粉碎机的信息，编写、下载和运行试验程序。PXI（PCI extensions for Instrumentation，面向仪器系统的 PCI 扩展）总线通信平台，包括有 PXI-1036 机箱、PXI-8102 控制器和外接模块 PXI-6122 采集卡。系统接收来自信号接收处理器和变送器的模拟电压信号，并最终上传至上位机，从而形成完整的检测系统。

　　在传感器的选择上，考虑到秸秆粉碎机的工作环境恶劣、结构紧凑不易改动、传动方式特殊，一般的扭矩传感器很难应用于此。采用为轴向空间狭小的应用环境而设计的 PCB（Printed Circuit Board，印制电路板）在线旋转扭矩传感器 PCB Load

& Torque,其具有高抗扭强度、不受射频与电磁干扰、无须维护、高弯矩能力等特点,很好地迎合了秸秆粉碎机的结构特点与实际工作特性,检测数据精准、精度高。由于此检测装置是检测联合收割机实际收割作业时秸秆粉碎机的性能,检测装置的供电问题需要解决,使用电压转换器将联合收割机上 48V 电源的电压转换成合适的电压供给整个装置。

各硬件型号和性能参数如表 1.2 所示。

表 1.2　硬件型号与性能参数

名称	型号	性能参数
美国 PCB Load ＆ Torque 传感器	5308D-01A	转速量程 0～10000r/min 转矩量程 0～10000lb·in 输出电压 0～10V 非线性≤±0.1
转速传感器	STT-T	温度量程−50～200℃ 输出电压 0～5V/10V 负载电阻>100kΩ 电压误差<0.005%/V
电压转换器	7506ML	输入 12V(DC) 交流输出 220V/50Hz(AC) 功率 750W
采集卡	美国 NI PXI-6122	模拟输入分辨率 24bits 模拟输入±1.25V±10 V 8 条双向定时数字 I/O 最大时钟速率 10MHz

注：1lb·in=0.112985N·m

1.3.3　测试装置软件系统设计

秸秆粉碎机性能实时测试系统软件通过 LabVIEW Project 中项目管理器(Project Explorer)将多个 VI 文件、项目文件、支持文件、外部代码和硬件配置等组建成项目库(Project Library),其中项目库中所有的子 VI 程序基于 NI 平台和 LabVIEW 开发,软件面向用户使用设计,不仅要有控制信号的输出、数据采集、显示、查询、备份、报告等功能,还要包括基本设置、系统维护等附加功能。软件结构如图 1.12 所示。

NI-DAQmx 提供了大量的信号输出和数据采集函数,用户通过配置这些函数开发出特定的数据采集程序。同时 NI-DAQmx 可以在不同线程中操作同一板卡,因此可在编写程序时采用并行结构的方式,这样就实现了不同的数据采集线程与不同的信号发出线程在同一个程序和同一块板卡上。所采集到的数据通过功能(LV2)全局变量(global variable)储存在单独的 VI 中,功能(LV2)全局变量可以有效利用缓存存储大型数据而不造成数据竞争，从而方便不同线程和不同 VI 之间调用共享。数据采集程序代码如图 1.13 所示，在线控制与实时数据采集主界面如图 1.14 所示。

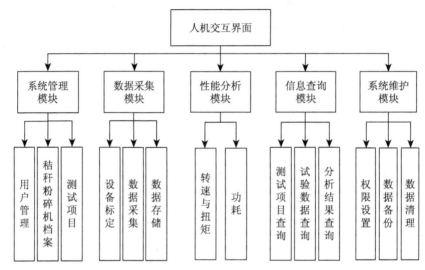

图 1.12 测试系统软件结构示意图

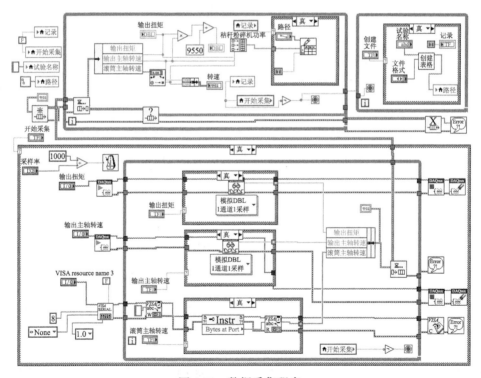

图 1.13 数据采集程序

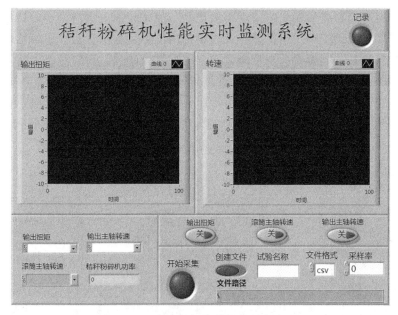

图 1.14　在线控制与实时数据采集主界面

采集到的数据以数据流文件形式储存在 TDMS（Technical Data Management Space）文件中，该文件具有高速、方便和易存取等诸多优点。在 LabVIEW 中，通过库文件 tdms.dll 和 TDMS 函数面板直接对 TDMS 文件内的数据进行打开、显示、截取、保存等操作。LabVIEW 提供了大量的数据信号处理函数，包括数字滤波处理，幅值域、时域和频域分析，同时也可以将采集到的相关数据拟合成特定的性能曲线，这些数据处理功能完全满足了测试分析要求。图 1.15 为数据存储程序。

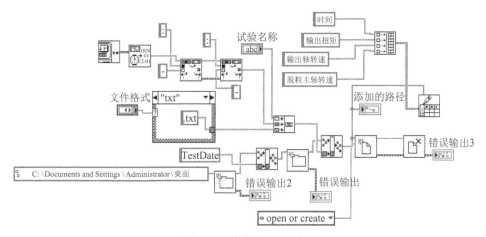

图 1.15　数据存储程序

　　由于实时检测装置对安装精度要求很高，故试验前需进行调整。秸秆粉碎机主轴上安装了在线旋转扭矩传感器及固定扭矩传感器的法兰盘，皮带轮距粉碎机的轴向间隙增大，故需要加装自制套筒来消除轴线间隙。事先对各尺寸进行准确测量，并在 CATIA 进行装配，在安装时实际误差较小[9]，微调即可。整体安装情况如图 1.16 所示。检测装置需要随机作业，PXI-1036 机箱、PXI-6122 采集卡及信号接收器置于驾驶室内。电压转换器安装在电源旁。采集的转速、功率曲线如图 1.17 和图 1.18 所示。

图 1.16　实时检测装置安装示意图

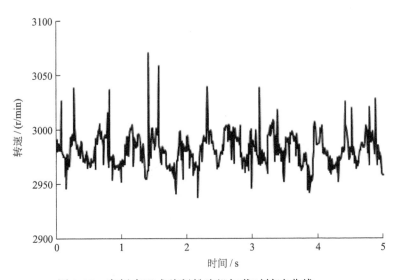

图 1.17　弯折直刀式秸秆粉碎机加载时转速曲线

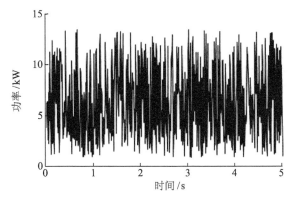

图 1.18　弯折直刀式秸秆粉碎机加载时功率曲线

1.4　本 章 小 结

本章通过对小麦秸秆粉碎特性分析开发了配套不同联合收割机的系列小麦秸秆粉碎抛洒装置，同时设计了一种麦秸粉碎实时测试装置，其主要工作如下：

（1）分析小麦秸秆的主要组成元素，通过显微镜观察小麦秸秆微观结构，并进行小麦秸秆的宏观力学性质分析；

（2）建立小麦秸秆-粉碎机械动力学仿真模型，通过仿真分析不同转速、不同刃角小粉碎刀片的切割性能，得出理想的粉碎工作转速和刃角区间；

（3）设计了一种小麦秸秆粉碎实时测试装置，并为测试装置开发了相应的软件，采用设计的麦秸粉碎实时测试装置对收割机粉碎装置进行了相关性能检测。

参 考 文 献

[1] 康福华. 矮丰三号小麦茎秆的力学性质初探[J]. 西北农林科技大学学报(自然科学版), 1986, (3): 17-29.

[2] 王芬娥, 黄高宝, 郭维俊, 等. 小麦茎秆力学性能与微观结构研究[J]. 农业机械学报, 2009, 40(5): 92-95.

[3] 霍丽丽, 孟海波, 田宜水, 等. 粉碎秸秆类生物质原料物理特性试验[J]. 农业工程学报, 2012, 28(11): 189-195.

[4] 田宜水, 姚宗路, 欧阳双平, 等. 切碎农作物秸秆理化特性试验[J]. 农业机械学报, 2011, 42(9): 124-128, 145.

[5] Wang W W, Li J C, Chen L Q, et al. Effects of key parameters of straw chopping device on qualified rate, non-uniformity and power consumption[J]. International Journal of Agriculture and Biology Engineering, 2018, 11(1): 122-128.

[6] 陈黎卿, 王莉, 张家启, 等. 适用于全喂入联合收割机的 1JHSX-34 型秸秆粉碎机设计 [J]. 农业工程学报, 2011, 27(9): 28-32.

[7] 陈黎卿, 梁修天, 曹成茂. 基于多体动力学的秸秆还田机虚拟仿真与功耗测试[J]. 农业机械学报, 2016, 47(3): 106-111.

[8] 刘文峰, 陈黎卿, 张健美. 秸秆粉碎机性能测试试验台设计[J]. 机械设计, 2015, 32(2): 32-36.

[9] 范怀斌, 郑泉, 陈黎卿, 等. 基于联合仿真技术的秸秆粉碎装置设计与研究[J]. 农机化研究, 2013, 35(4): 100-103.

第 2 章　麦秸-机械-土壤耦合动力学模型及其壅堵分析

小麦秸秆粉碎覆盖还田占主导方式，导致地表大量的秸秆覆盖，使免耕播种机作业时出现开沟壅堵、作业效率低等问题。本章通过建立麦秸-机械-土壤耦合动力学模型，对秸秆覆盖条件下实施免耕开沟时秸秆壅堵机理进行分析，为防堵机构的设计提供理论基础。

2.1　麦秸-机械-土壤耦合动力学模型建立

2.1.1　离散元麦秸接触模型

接触模型是离散元法的重要基础，其实质是准静态下固体接触力学的弹塑性分析结果。离散元法（Distinct Element Method，DEM）是通过物理元的单元离散方式构成的具有确定物理意义的节点关系，从而建立起来的有限离散模型及计算散体介质系统力学行为的数值计算方法。接触模型的判断算法直接影响颗粒间的力-力矩-位移的关系，对于不同仿真对象而言必须构建不同的接触模型，用来提高仿真结果的准确性与可靠性。离散元法的颗粒模型是将颗粒与颗粒、颗粒与边界的接触采用振动运动方程进行模拟。图 2.1 为将接触模型表示成振动模型，其可分解为法向振动模型、切向振动模型与滚动模型，其中 R_1 为小球半径，单位为 mm；R_2 为大

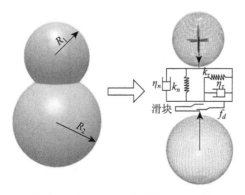

图 2.1　接触模型表示成振动模型

球半径，单位为 mm；η_n 为纵向弹性阻尼；η_τ 为横向弹性阻尼；k_n 为纵向弹性系数，单位为 N·m；k_τ 为横向弹性系数，单位为 N·m；f_d 为滚动摩擦系数。

颗粒 i 在运动过程中主要受两种力作用，即自身重力 $m_i g$、土壤-秸秆颗粒间或者秸秆颗粒与防堵机构切向碰撞接触力 $F_{n,ij}$、法向阻尼 $F_{n,ij}^d$、切向碰撞接触力 $F_{\tau,ij}$、切向阻尼 $F_{\tau,ij}^d$。根据牛顿第二运动定律，容易得到颗粒 i 运动方程如式（2.1）所示。

$$\begin{cases} m_i \dfrac{\mathrm{d}v_i}{\mathrm{d}t} = \sum F = m_i g + \sum_{j=1}^{n_i}\left(F_{n,ij} + F_{n,ij}^d + F_{\tau,ij} + F_{\tau,ij}^d + F_{b,ij}\right) \\ I_i \dfrac{\mathrm{d}\omega_i}{\mathrm{d}t} = \sum M = \sum_{j=1}^{n_i}\left(T_{\tau,ij} + T_{r,ij}\right) \end{cases} \quad (2.1)$$

$$F_{b,ij} = k_{b,ij} A_{b,ij}$$

式中，ω 为颗粒旋转角速度；I_i 为颗粒 i 的转动惯量，单位为 kg·m^2；n_i 为与颗粒 i 碰撞接触的总数；v_i 为颗粒 i 的移动速度，单位为 m/s；$T_{\tau,ij}$ 为颗粒 i 受切向力形成的力矩，单位为 N·m；$T_{r,ij}$ 为颗粒 i 受到滚动力矩，单位为 N·m；$F_{b,ij}$ 为颗粒 i 法向结合力，单位为 N；$A_{b,ij}$ 为颗粒接触面积，单位为 m^2；$k_{b,ij}$ 为黏附能量密度，单位为 kg/m^3；$\sum F$ 为颗粒所受合力，单位为 N；$\sum M$ 为颗粒所受合力矩，单位为 N·m。

麦秸是一种从根部至穗部半径不等的柔性纤维材料，不少学者采用黏结接触模型将多球颗粒单元黏结起来，研究柔性纤维在静态或动态加载下的拉伸、剪切、压缩及扭转特性等。通过圆柱-半圆球组合的方式构建一种可弯曲的柔性茎秆模型来模拟弯曲刚度与振荡下的能量消耗。本节主要研究耕作过程中秸秆接触运动及能量耗散的规律。为了减少计算时间和存储资源，采用多球面填充颗粒的方式构建秸秆简化模型，如图 2.2 所示。

图 2.2　秸秆颗粒模型

2.1.2　秸秆-土壤-耕作部件的接触参数测定

耕作部件作业时与秸秆层颗粒、土壤层颗粒发生接触碰撞，因此秸秆的物料特性参数和秸秆-土壤-耕作部件间的接触参数测定尤为重要。

弹性模量 E 和剪切模量 G 是材料重要的力学性能指标，反映该材料抵抗弹性变形和剪切变形的能力。根据麦粒农业物料单轴力学试验，采用 ETM-103A 万能试验机（深圳万测试验设备有限公司）进行小麦秸秆单轴拉伸、剪切试验，如图 2.3

所示。选取存放于实验室自然风干的小麦秸秆，以 10mm/min 的加载速率匀速施加载荷，得到力和位移曲线。根据 Hertz 弹性接触理论计算麦秸的弹性/剪切模量，泊松比取 0.4。随机选取粗细大致相同的小麦秸秆 25 株，分成 5 株/组，共计 5 组。由于穗部节间太短无法测量，故选取秸秆根部往上的节间：第 1～4 节间依次编号为 J-1、J-2、J-3、J-4，共计 100 个样本量。

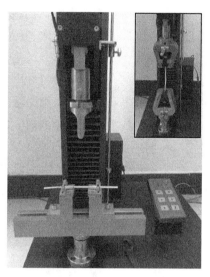

图 2.3　小麦秸秆单轴拉伸和剪切试验

表 2.1 为小麦秸秆各节间弹性/剪切模量统计分析结果。由于自根至穗部不同节间的木质素含量存在差异，各节间抵抗弹性变形和剪切变形的能力不同。同时，各节间的 2 个力学性能指标的变异系数均值大于 30%，表明测量结果差异较大，是不同株秸秆的同一节间的茎秆壁厚存在差异导致的。

表 2.1　小麦秸秆弹性/剪切模量统计分析结果

编号	项目	最大值/MPa	最小值/MPa	均值/MPa	标准差	变异系数/%	P 值
J-1	E_1	45.25	25.23	35.58	12.23	34.37	<0.01
	G_1	13.56	6.54	8.52	2.98	34.98	<0.01
J-2	E_2	28.35	15.06	18.23	8.26	45.31	<0.01
	G_2	11.29	1.89	6.35	2.56	40.31	<0.01
J-3	E_3	16.36	3.45	12.36	5.35	43.28	<0.01
	G_3	10.56	0.89	6.02	2.34	38.87	<0.05
J-4	E_4	13.15	8.36	10.03	2.89	28.81	<0.05
	G_4	10.25	0.78	4.85	2.25	46.39	<0.05

　　基于斜面滑切法、滚动法分别测定农业物料的碰撞恢复系数、静及滚动摩擦特性的装置，一般利用绳索的拉动来控制面板的转动角度，由量角器、旋转面板以及调整绳索或齿轮组成，需人工转动控制、人工读数。人工测量时主要存在以下的问题：人工操作无法精密控制面板转速，使试验中面板出现角加速度；由于面板出现角加速度，试验过程中面板转过角度变化不平稳，从而使试验所测数据十分粗糙[1]；另外不完备的装置极易产生种子洒落等问题，影响下次试验；人工读数存在随机误差，人工通过量角器读取角度时，读数的大小同读取者所在的位置有关，因此读取数值经常会有偏差且精度一般停留在1°；这种装置大、安装复杂、费工费时，试验过程烦琐，延长了农业装备设计的时间。另一种装置如电脑摩擦特性测定仪，价格昂贵、连接复杂、体积庞大，若没有电脑的分析，则无法得到试验数据，用于种子摩擦特性测定性价比比较低。因此，依据平面力学原理，设计并研制了一种基于平行四杆机构采用手机蓝牙无线控制的散粒摩擦系数自动测量装置，该装置能准确、方便地自动测量、显示农业物料的摩擦角和摩擦系数，并可以用手机蓝牙无线操控。该系统主要由平行四杆机构、显示和蓝牙无线控制系统组成，其装置结构如图 2.4所示。

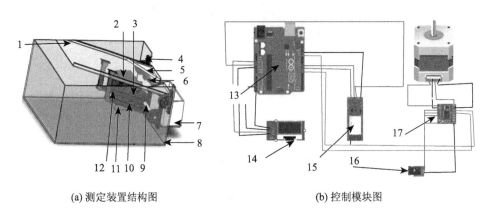

(a) 测定装置结构图　　　　　　　　　(b) 控制模块图

图 2.4　散粒摩擦系数自动测量装置与控制模块

1. 面板；2. 步进电机；3. 齿轮组；4. 立式轴承；5. 汇聚块；6. 面板轴；7. 收集箱；8. 壳体；9. 曲柄轴；10. 杆一；11. 电机架；12. 杆二；13. Arduino UNO 单片机；14. LCD 显示屏；15. 蓝牙模块；16. 电源；17. 电机驱动器

　　碰撞恢复系数测量原理如图 2.5(a) 所示，试验样品与可调式倾斜钢板发生碰撞后落在接料板上，接料板落点 O_1 与倾斜钢板碰撞点 O 的相对高度为 H_1，水平方向位移为 S_1；同理，改变倾斜钢板的相对高度为 H_2，此时的水平位移为 S_2，故样品与倾斜钢板之间的恢复系数 e 计算公式为

$$
\begin{cases}
v_x = \sqrt{\dfrac{gS_1S_2(S_1-S_2)}{2(H_1S_1-H_2S_2)}} \\[4mm]
v_y = \dfrac{H_1v_x}{S_1} - \dfrac{gS_1}{2v_x} \\[4mm]
e = \dfrac{\sqrt{(v_x^2+v_y^2)}\cdot\cos\left[45°+\arctan\left(\dfrac{v_y}{v_x}\right)\right]}{v_0\cdot\sin 45°}
\end{cases}
\tag{2.2}
$$

式中，v_x 和 v_y 分别为样品碰撞后水平和垂直速度分量，单位为 mm/s；v_0 为碰撞前垂直速度分量，$v_0=\sqrt{2gH_0}$，单位为 mm/s。

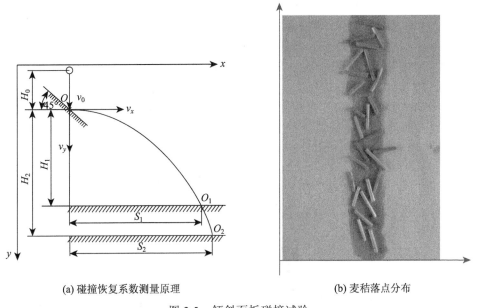

(a) 碰撞恢复系数测量原理　　　　　　　　　　(b) 麦秸落点分布

图 2.5　倾斜面板碰撞试验

为了小麦秸秆在落料倾斜钢板不出现二次反弹，将落料板上涂上一层黄油以"粘贴"麦秸样品。如图 2.5(b) 所示，选取 50 个麦秸试验样品进行测量，记录样品水平方向的位移。在测量麦秸-麦秸恢复系数时，将碰撞倾斜钢板更换为倾斜秸秆面板（麦秸按横/纵轴线方向与钢板粘贴形成，减少多点碰撞）。将麦秸碰撞倾斜板的 X 方向位移代入式（2.2）进行计算，求解秸秆-土壤-耕作部件之间的碰撞恢复系数，如表 2.2 所示为各材料之间的碰撞恢复系数统计分析结果，秸秆-秸秆、秸秆-土壤和秸秆-钢板的恢复系数 e 分别为 0.34±0.08、0.18±0.02 和 0.23±0.009。

表 2.2　碰撞恢复系数统计分析结果

参数	最大值	最小值	均值	标准差	变异系数/%	P 值
秸秆-钢板恢复系数 e_1	0.38	0.32	0.34	0.08	23.5	<0.05
秸秆-土壤恢复系数 e_2	0.22	0.16	0.18	0.02	11.1	<0.01
秸秆-麦秸恢复系数 e_3	0.26	0.21	0.23	0.009	3.9	<0.01

　　利用自制的物料摩擦特性测量装置对小麦秸秆-钢板（土壤）的静/滚动摩擦系数进行测量，如图 2.6 所示。测量时，采用黏结剂将秸秆和土壤颗粒粘固在倾斜板上，黏结剂粘贴秸秆和土壤颗粒时不影响试验秸秆颗粒与倾斜板的接触。其中钢板选用 Q235 制作的试验斜面 a、秸秆板选用小麦秸秆横/纵方向粘贴亚克力板制作的试验斜面 b，土壤板选用砂姜黑壤土（含水率 23%）粘贴塑料板制作的试验斜面 c。选取 10 根（长度为 8cm）麦秸秆横（纵）向放置在 3 种不同试验斜面的水平升降板上，启动电机通过平行四杆机构推动升降板缓慢提升，记录下秸秆开始滑动时刻升降板与水平面的夹角 α，将记录的水平夹角的正切值作为秸秆与不同倾斜板的静摩擦系数 f_s。滚动法是秸秆颗粒从倾角为 30° 的升降板上某一位置以初速度为 0 沿斜面向下滚动（其中秸秆颗粒在斜面上滚动的距离为 S），最终秸秆颗粒在水平板上滚动一段距离 L 后静止。假设试验选取的圆柱形秸秆颗粒做的是纯滚动摩擦，在滚动过程中不考虑静摩擦力的影响，根据能量守恒定律，由式（2.3）求解滚动摩擦系数 f_d。通过上述测量方法对试验区的秸秆-土壤-耕作部件之间的静/滚动摩擦系数进行测定，每组试验重复 10 次取平均值。

$$\begin{cases} mgS\sin 30° = f_d mg\left(S\cos 30° + L\right) \\ f_d = S\sin 30° / \left(S\cos 30° + L\right) \end{cases} \quad (2.3)$$

(a) 秸秆-钢板　　　　　　(b) 秸秆-秸秆　　　　　　(c) 秸秆-土壤

图 2.6　静/滚动摩擦系数倾斜面滑动/滚动试验

表 2.3 为秸秆-土壤-耕作部件之间的静/滚动摩擦系数统计分析结果,其中秸秆-秸秆、秸秆-土壤和秸秆-钢板的静摩擦系数 f_s 分别为 0.45±0.12、0.52±0.09 和 0.32±0.06,滚动摩擦系数 f_d 分别为 0.25±0.02、0.32±0.04 和 0.015±0.003。

表 2.3　静/滚动摩擦系数统计分析结果

参数	最大值	最小值	均值	标准差	变异系数/%	P 值
秸秆-秸秆静摩擦系数 f_{s1}	0.48	0.42	0.45	0.12	26.6	<0.05
秸秆-土壤静摩擦系数 f_{s2}	0.56	0.49	0.52	0.09	17.3	<0.01
秸秆-钢板静摩擦系数 f_{s3}	0.37	0.28	0.32	0.06	18.75	<0.05
秸秆-秸秆滚动摩擦系数 f_{d1}	0.28	0.22	0.25	0.02	8.0	<0.01
秸秆-土壤滚动摩擦系数 f_{d2}	0.35	0.29	0.32	0.04	12.5	<0.01
秸秆-钢板滚动摩擦系数 f_{d3}	0.018	0.012	0.015	0.003	20.0	<0.05

2.1.3　秸秆-土壤-耕作部件动力学模型建立

根据表 2.4 所示的仿真参数标定结果,利用 EDEM2.7 软件设置土壤-秸秆-耕作部件相互作用的仿真参数,其中仿真土壤层为试验区砂姜黑土,具有散粒体物料特性,颗粒表面黏附力较小,且具有一定的压缩性,因此采用土壤颗粒塑性变形的 Hysteretic Spring 接触模型和法向黏聚力的 Linear Cohesion 接触模型[2]。

表 2.4　仿真试验参数标定结果

参数	数值	参数	数值
秸秆颗粒半径/mm	6.0	土壤颗粒半径/mm	5.0
秸秆密度 ρ_2/(kg/m³)	241	土壤密度 ρ_1/(kg/m³)	1 850
秸秆泊松比 μ_2	0.4	土壤泊松比 μ_1	0.38
秸秆剪切模量 G_2/Pa	1×10⁶	土壤剪切模量 G_1/Pa	1×10⁶
钢板密度 ρ_3/(kg/m³)	7865	土壤-土壤恢复系数 e_1	0.6
钢板泊松比 μ_3	0.3	土壤-钢板恢复系数 e_2	0.6
铁剪切模量 G_3/Pa	7.9×10¹⁰	土壤-土壤静摩擦系数 f_{s2}	0.6
秸秆-钢板恢复系数 e_3	0.34	土壤-钢板静摩擦系数 f_s	0.6
秸秆-秸秆静摩擦系数 f_{s1}	0.45	土壤-土壤滚动摩擦系数 f_d	0.4
秸秆-钢板静摩擦系数 f_{s3}	0.35	土壤-钢板滚动摩擦系数 f_{d2}	0.05
秸秆-秸秆滚动摩擦系数 f_{d1}	0.25	秸秆-钢板滚动摩擦系数 f_{d3}	0.015

虚拟土槽中秸秆层颗粒,采用颗粒大小比例 0.5～1.5 生成随机排列,根据不同秸秆覆盖量设定秸秆颗粒数目。本研究旨在为秸秆壅堵过程分析和验证防堵机构设计可行性提供麦秸覆盖土壤仿真模型,因此不考虑犁底层土壤,设置耕作层土壤厚度为 200mm(总颗粒数为 500000 个)。同时,利用三维设计软件 CATIA 构建施肥-播种单体模型,转换成 STP 格式导入 EDEM 软件,构建了如图 2.7 所示的土壤-秸

秆-耕作部件离散元仿真模型，仿真固定时间步长为 $4.0×10^{-5}$s，瑞利（Rayleigh）时间步长为 30%，总时间为 4s，网格单元尺寸为最小颗粒半径的 3 倍。

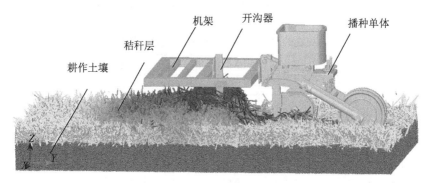

图 2.7　土壤-秸秆-耕作部件离散元仿真模型（见彩图）

为了验证麦秸覆盖土壤模型下施肥-播种单体仿真作业的准确性，应用上述构建的土壤-秸秆-耕作部件离散元模型，并结合室内土槽高速摄像试验（图 2.8），综合分析耕作部件作业过程中秸秆扰动特性、运动特性及挤压特性。在模型仿真和土槽试验时，施肥-播种单体作业前进速度设置为 1.5m/s，滑切式施肥/播种开沟器入土深度分别为 50mm、80mm。其中，秸秆长度 0～25cm，秸秆覆盖厚度为 5.0cm。

图 2.8　高速摄像试验现场

2.2　秸秆壅堵机理分析

在秸秆覆盖条件下实施免耕开沟时会产生秸秆壅堵现象。滑切式开沟器前进作业对秸秆扰动直至达到堵塞状态[3]，将秸秆层视为连续流体介质，将仿真结果在

O-xy 平面以质点流的形式显示，如图 2.9 所示。图中，v_m 为机具前进速度。选取开沟器正前方的"秸秆块 A"作为研究对象，分析秸秆层扰动的变化过程。

(a) 初始状态

(b) 变形状态

(c) 挤压状态

(d) 滑移状态

图 2.9　滑切式开沟器与秸秆层作用秸秆壅堵过程仿真（见彩图）

（1）初始状态。"秸秆块 A"内的质点分布相对疏松且秸秆流运动方向一致，秸秆间的相互作用较小，无明显应力变化（图 2.9(a)）。

（2）变形阶段。主要包括秸秆间的弹性变形和塑性变形，开沟器铲柄推动秸秆层质点向前运动，且随着施肥-播种单体向前移动，铲柄前端的秸秆堆集量增多而应力变小，"秸秆块 A"内的质点出现分流现象，秸秆间的相互作用加剧，致使秸秆相互叠加形成"秸秆堆"（图 2.9(b)）。

（3）挤压阶段。随着开沟器铲柄的继续前进，秸秆间的应力逐渐增加，"秸秆块 A"内的质点流方向出现紊乱，当秸秆密集达到一定程度时，"秸秆堆"会受到来自正前方和两侧的秸秆的挤压作用，此时的"秸秆堆"的变形不可恢复（图 2.9(c)）。

（4）滑移阶段。当铲柄继续前进，"秸秆层 A"内质点与开沟器间的摩擦由静摩擦转变为滑动摩擦，压实的"秸秆堆"周围出现环形对流迫使推动前进，当"秸秆堆"两侧方向的挤压力不等时，即产生"秸秆堆"向某一侧滑移的趋势（图 2.9(d)）。

利用高速摄像验证、追踪秸秆颗粒的扰动过程，将覆盖的秸秆群中加入彩色棒模拟秸秆颗粒，在不同的覆盖量的条件下，随着开沟器铲柄前进作用，秸秆层扰动特性为"初始—堆集—压缩—滑移"的过程。图 2.10 为土槽高速摄像提取的不同时序下秸秆扰动状态，其中(a)～(d)为秸秆变形堆集阶段、(e)和(f)为秸秆压缩-滑移阶段，与仿真模型扰动过程基本吻合，验证了秸秆覆盖土壤离散元模型的可行性。

图 2.10　滑切式开沟器与秸秆层作用过程的高速摄像图片（见彩图）

在滑切式开沟器正前方安装一个量程为 HP～100N 的压力传感器，传感器前端固定一个与铲柄接触面相当的弧形挡板，通过实时测量秸秆从变形阶段到滑移阶段的挤压力变化曲线发现，耕作部件作业速度、秸秆覆盖量、秸秆层扰动宽度与"秸秆堆"滑移阶段的最大挤压力成正相关。图 2.11(a) 为铲柄对秸秆层挤压力随位移的关系曲线，由曲线图分析表明，在水平位移 0～2.45m 范围内处于秸秆堆集初始阶段，该阶段的秸秆挤压力呈线性增长；2.5～3.4m 的变形阶段的行程相比堆集初始阶段变形较小，且秸秆挤压力急剧上升；3.4～4.4m 的挤压阶段，该阶段出现挤压力下降的趋势，分析其主要原因可能是部分秸秆受滑动摩擦阻力的影响，分离于"秸秆堆"，滞留在铲柄之后；4.5m 以后为滑移阶段，随着铲柄的前进挤压力会继续增大。同理，基于秸秆覆盖土壤的离散元模型导出滑切式开沟器铲柄与秸秆层的法向阻力和切向阻力如图 2.11(b) 所示。秸秆的挤压力与铲柄的作业阻力为一对相互作用力，由仿真数据分析可知，秸秆层对铲柄的切向阻力增幅较小，法向阻力整体增长趋势与试验基本吻合。

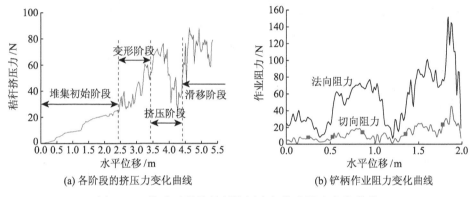

(a) 各阶段的挤压力变化曲线　　　　　(b) 铲柄作业阻力变化曲线

图 2.11　扰动过程的秸秆挤压力与作业阻力变化曲线

拖拉机通过三点悬挂系统与免耕播种机串行连接，耕种具作业速度始终与拖拉机速度保持一致。假设开沟器作业过程中的动能 E 保持不变，当开沟器向前作业过程中不断地与相邻的秸秆发生碰撞，由动能传递效应可知，邻近的"秸秆块 B"瞬间具备初始动能，随后拥有动能的"秸秆块"不断地与秸秆层动能为零的"秸秆块"发生碰撞，越来越多的秸秆与开沟器以同样的动能向前作业。如图 2.12 所示为开沟器作业时秸秆块的运动过程，"秸秆块 B"在铲柄的挤压作业下依次发生黏弹性变形、塑性挤压、滚动滑移等 3 个阶段。基于上述仿真模型的"秸秆块 B"中选取 10 根秸秆作为研究对象，提取 10 根秸秆迁移的位置、动能、速度（Velocity）及运动过程中的阻力等数据，从定量角度初步探究秸秆质点迁移成堆的成因。

由图 2.13 所示为 10 个秸秆颗粒质点的运动轨迹，在铲柄的作用下仿真时间 2s 后"秸秆块 B"中的 10 个秸秆颗粒质点位移变化存在较大差异，其中 1 号、2 号、3 号、4 号秸秆颗粒在 Y 方向的位移分别为 0.57m、0.81m、1.03m 和 1.206m，且滞留于播种单体后面；5～10 号秸秆与铲柄继续以不同的速度向前运动（蓝色代表秸秆颗粒静止、红色代表秸秆颗粒的运动速度较大、绿色介于两者之间，同下）。图 2.14 为

10 个秸秆颗粒质点随位移变化的速度与动能曲线。分析表明，1~10 号秸秆颗粒质点初始速度和动能相对较小，随着铲柄动能传递效应，所有秸秆颗粒质点在前进方向 0.1m 处瞬间速度和动能增大，铲柄继续前进，而秸秆颗粒开始进入挤压、滑移阶段，并受到来自秸秆-秸秆、秸秆-土壤及秸秆-铲柄的滑动摩擦阻力，导致秸秆颗粒存在速度梯度、压力梯度、阻力梯度。其中，1 号、2 号秸秆颗粒的速度、动能矢量值相对于其他秸秆颗粒衰减较快，几乎接近于零，而离开沟器铲柄较近的 6 号、7 号、8 号、9 号等秸秆颗粒以 1.58~1.95m/s 的速度向前运动。

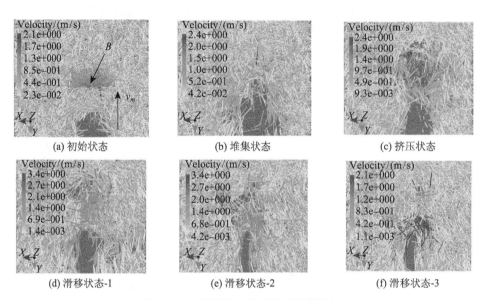

(a) 初始状态　　　　　　　(b) 堆集状态　　　　　　　(c) 挤压状态

(d) 滑移状态-1　　　　　　(e) 滑移状态-2　　　　　　(f) 滑移状态-3

图 2.12　秸秆块运动过程（见彩图）

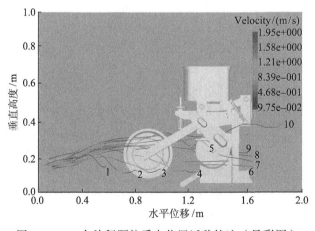

图 2.13　10 个秸秆颗粒质点位置迁移轨迹（见彩图）

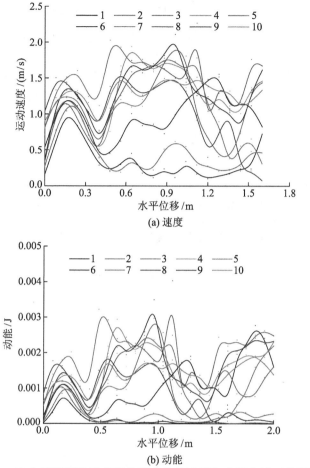

(a) 速度

(b) 动能

图 2.14　10 个秸秆颗粒质点随位移变化的速度与动能曲线（见彩图）

　　由滑动式开沟器的前进作业、表层覆盖秸秆的"堆集-压缩"过程分析可知，分离种带表层的秸秆，达到防堵的目的，关键是分析滑移阶段。本节通过离散元法构建该阶段形成的秸秆堆。该阶段中"秸秆堆集"受滑动式开沟器、地表土壤、前方秸秆及两侧的作用力，产生秸秆堆沿铲柄前端侧滑趋势，形成壅堵。只有打破该壅堵平衡模式，才能达到防堵目的。因此，要分析滑移阶段各受力情况，建立秸秆堵塞模型，为防堵机构的设计提供理论基础。

2.3　本章小结

　　本章通过建立麦秸-机械-土壤耦合动力学模型，对秸秆覆盖条件下实施免耕开沟时秸秆壅堵机理进行分析，其主要工作如下。

（1）麦秸-机械-土壤耦合动力学模型建立。通过对秸秆-土壤-耕作部件接触参数的测定，在 EDEM2.7 软件中建立土壤-秸秆-耕作部件耦合动力学模型，同时进行室内土槽高速摄像试验，验证仿真的准确性。

（2）秸秆壅堵机理分析。通过麦秸-机械-土壤耦合动力学模型仿真试验的结果，对秸秆覆盖条件下实施免耕开沟时秸秆壅堵机理进行分析。

参 考 文 献

[1] Huang X, Wang W W, Li Z D, et al. Design method and experiment of machinery for combination of seed fertilizer and herbicide [J]. International Journal of Agriculture and Biology Engineering, 2019, 12(4): 63-71.

[2] 王韦韦，李俊，王晴晴，等. 耕作土壤沟形测量系统设计与试验[J]. 农业机械学报，2019, 50(7): 93-99.

[3] 牛琪，王庆杰，陈黎卿，等. 秸秆后覆盖小麦播种机设计与试验[J]. 农业机械学报，2017, 48(11): 52-59.

第3章　麦秸覆盖地玉米播种主动防堵机构设计

针对小麦秸秆覆盖还田下玉米苗床整备前存在灭茬、旋耕等机具造成耕层土壤压实，传统玉米免耕播种机在小麦秸秆覆盖地作业时存在开沟壅堵、架种、晾种等问题，设计了一种基于"带状清秸匀播"思路的主动式秸秆移位防堵装置，为小麦高留茬、秸秆全覆盖地的玉米免耕播种机的设计与推广提供参考。

3.1　圆柱环量绕流理论的立轴式防堵方案

3.1.1　圆柱环量绕流

由第 2 章的秸秆壅堵过程分析可知，秸秆层内的秸秆单元可视为流体质点，在耕作部件作用下产生速度梯度、压力梯度、阻力梯度等属性，而秸秆间不承受拉伸和剪切力，仅存在接触摩擦力。因此，在秸秆层中产生速度、压力及阻力梯度范围内，可将秸秆层视为连续介质，用于研究流体运动尺寸 L 与流体分子运动平均自由行程 l 的比值，即通常比值 $L/l \ll 1$。其中，欧拉最早提出"流体质点"连续无空隙地分布的结构体视为连续介质的假设，基于该思想被引入研究物体的宏观运动[1,2]。中国农业大学的谷谒白利用"环槽试验法"测定不同密度下耕作部件作用秸秆层的摩擦阻力和位移，并提出秸秆的"相对黏度"概念。2016 年中国农业大学高娜娜博士基于"秸秆层视为连续介质的假设"开展了秸秆流边界层分离理论研究，并设计驱动滚筒与被动分禾栅板式防堵机构。诸多研究证明，将流体视为连续介质处理，对解决大部分工程技术问题是切实可行的。

由流体力学中流场叠加理论可知，任何复杂的势流问题都可以分解成若干个简单势流，其中汇流和点涡叠加的流动称为漩涡流，源流与汇流叠加的流动称为偶极子流。在理想不可压缩的均匀流绕定轴旋转的圆柱体的流动模型中，由平行流动势流和位于圆心位置并与平行流方向相反的平面偶极子势流叠加，受定轴旋转的圆柱体惯性离心力的影响，近旁的平行流动势流做径向运动，这种由均匀流与偶极子流叠加而成的平面流称为圆柱无环量绕流。如图 3.1(a)所示，设均匀流的速度为 U，圆柱体的半径为 a，沿 x 方向的均匀流和在原点的偶极子流叠加，给出圆柱体绕流的解：

$$F(z) = Uz + \frac{\mu}{z}$$

（3.1）

式中，U 为流体来流速度，单位为 m/s；μ 为距圆柱体轴心的圆周速度，单位为 m/s。将圆方程 $z=ae^{i\theta}$ 代入式（3.1），则圆柱无环量绕流的复势函数为

$$
\begin{aligned}
F(z) &= Uae^{i\theta} + \frac{\mu}{a}e^{-i\theta} \\
&= \left(Ua + \frac{\mu}{a}\right)\cos\theta + i\left(Ua - \frac{\mu}{a}\right)\sin\theta
\end{aligned}
\tag{3.2}
$$

式中，θ 为圆周的任意角度，单位为 rad。圆表面的流函数：

$$
\Psi = \left(Ua - \frac{\mu}{a}\right)\sin\theta
\tag{3.3}
$$

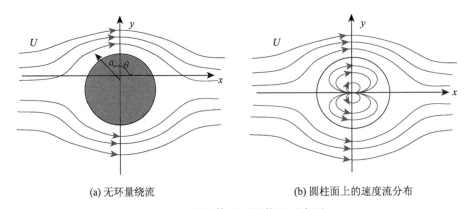

(a) 无环量绕流　　　　　　　　　　(b) 圆柱面上的速度流分布

图 3.1　圆柱体无环量绕流示意图

显见，只要轴心的圆周速度 $\mu=Ua^2$，则在圆表面上就有 $\Psi=0$。如图 3.1(b)可以看出圆半径 $R=a$ 把流场分为两部分：由于流体不可能穿越一条流线流动，可以断定偶极子流被包围在圆内，而均匀来流则被排斥在圆外。偶极子向上游的流动由于受到均匀来流作用，折转方向流向下游，均匀来流流线则发生弯曲，围绕圆 $R=a$ 从圆外流过。

当圆柱体定轴以等角速度 ω 顺时针旋转时，由无环量圆柱绕流和顺时针旋转的点涡叠加而成的平面流称为圆柱体有环量绕流，其中，叠加后的复势函数 $F(z)$ 为

$$
\begin{cases}
F(z) = U\left(z + \dfrac{a^2}{z}\right) + \dfrac{i\Gamma}{2\pi}\ln z + c \\
z = ae^{i\theta}
\end{cases}
\tag{3.4}
$$

式中，Γ 为任意圆周线的速度环量，单位为 m²/s；a 为圆柱体半径，单位为 m。由式（3.4）求得

$$
F(z) = 2U\cos\theta - \frac{\Gamma}{2\pi}\theta + \frac{i\Gamma}{2\pi}\ln a + a
\tag{3.5}
$$

令 $c = -\dfrac{\mathrm{i}\varGamma}{2\pi}\ln a$，则圆表面的流函数 $\varPsi=0$，复势函数为

$$F(z) = U\left(z+\frac{a^2}{z}\right)+\frac{\mathrm{i}\varGamma}{2\pi}\ln\frac{z}{a} \tag{3.6}$$

叠加后的速度场 $W(z)$ 如式（3.7）所示：

$$\begin{aligned}
W(z) = \frac{\mathrm{d}F}{\mathrm{d}z} &= U\left(1-\frac{a^2}{z^2}\right)+\frac{\mathrm{i}\varGamma}{2\pi}\cdot\frac{1}{z} \\
&= \left[U\left(\mathrm{e}^{\mathrm{i}\theta}-\frac{a^2}{R_1^2}\right)+\frac{\mathrm{i}\varGamma}{2\pi R_1}\right]\mathrm{e}^{-\mathrm{i}\theta} \\
&= \left\{U\left(1-\frac{a^2}{R_1^2}\right)\cos\theta+\mathrm{i}\left[U\left(1+\frac{a^2}{R_1^2}\right)\sin\theta+\frac{\varGamma}{2\pi R_1}\right]\right\}\mathrm{e}^{-\mathrm{i}\theta}
\end{aligned} \tag{3.7}$$

式中，R_1 为任意流体质点与圆柱体轴心的距离，单位为 m。

令

$$\begin{cases}
\mu_R = U\left(1-\dfrac{a^2}{R_1^2}\right)\cos\theta \\[2mm]
\mu_\theta = -U\left(1+\dfrac{a^2}{R_1^2}\right)\sin\theta-\dfrac{\varGamma}{2\pi R_1}
\end{cases} \tag{3.8}$$

式中，μ_R 为叠加速度场中流体的切向速度，单位为 m/s；μ_θ 为叠加速度场中流体的径向速度，单位为 m/s。

当 $R=a$ 时，圆柱面上的速度分布为

$$\begin{cases}
\mu_R = 0 \\[2mm]
\mu_\theta = -2U\sin\theta-\dfrac{\varGamma}{2\pi a}
\end{cases} \tag{3.9}$$

式（3.9）说明流体是一条沿圆周切线方向的流线，流体与圆柱体没有分离现象，正是理想流体绕流圆柱时在圆柱表面应满足的边界条件。

寻求在圆柱面上速度为 0 的驻点，即 $\mu_\theta=0$ 时，求得驻点的位置角的正弦函数关系为

$$\sin\theta = -\frac{\varGamma}{4\pi Ua} \tag{3.10}$$

当 $\varGamma=0$，即 $\sin\theta=0$，θ 为 0 或 π 时，均匀流对圆柱体为无环量绕流，如图 3.2(a) 所示。

当 $0<-\varGamma/(4\pi Ua)<1$ 时，有两个驻点，分别位于 3、4 象限，且关于 y 轴对称。顺时针点涡流场与绕流圆柱流场叠加在 1、2 象限时，速度方向相同，速度增加；在 3、4 象限时速度方向相反，速度减少。于是分别在 3、4 象限的某个点处速度为

零。相当于把 $\theta = 0$ 和 π 的两个驻点分别移动至 3、4 象限，如图 3.2(b)所示。

当 $-\Gamma/(4\pi Ua) = 1$ 时，θ 为 $3\pi/2$，有一个驻点。相当于 3、4 象限的两个驻点，当 Γ 增大时，相互靠近最终汇合在圆柱面的最低点，如图 3.2(c)所示。

当 $-\Gamma/(4\pi Ua) > 1$ 时，θ 无解，此时圆柱体面上没有驻点。当速度环量 Γ 继续增加，驻点就不可能保持在圆柱面上，而是进入流体中，如图 3.2(d)所示。

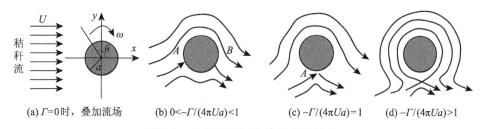

(a) $\Gamma = 0$ 时，叠加流场　　(b) $0 < -\Gamma/(4\pi Ua) < 1$　　(c) $-\Gamma/(4\pi Ua) = 1$　　(d) $-\Gamma/(4\pi Ua) > 1$

图 3.2　均匀流对圆柱体的环量绕流

上述分析，尽量使秸秆均匀来流的分离点远离 x 轴以避免秸秆与立轴式防堵机构分离时受到开沟铲柄的阻碍，因此立轴式防堵机构的圆周转速满足环量极值$|\Gamma| = 4\pi Ua$ 时为最优。

3.1.2　防堵驱动轴系的选择

被动式防堵技术中以重力切茬为代表的圆盘开沟器，利用开沟器在机具重力作用下高速转动，滚动切割秸秆、残茬，实现顺畅播种。驱动式防堵机构的研究从原理上主要分为"粉碎"、"旋耕"、"切茬"及"拨抛"等形式。上述形式都是利用拖拉机后输出轴提供动力驱动防堵机构高速旋转，对播种行进行条带粉碎、旋耕、切茬、拨抛秸秆等，形成清洁的播种带，防止秸秆壅堵。如图 3.3(a)为壅堵的"秸秆堆"受力简图，铲柄对"秸秆堆"向前的推力 F_v，同时受到播种带两侧秸秆及前进方向秸秆的挤压力。图 3.3(b)所示，以"秸秆堆"为驱动中心 O，构建防堵驱动轴系 $O\text{-}XYZ$。基于第 2 章秸秆壅堵过程分析可知，防堵机构是在秸秆"堆集-压缩-滑移"过程的某阶段从不同的驱动方向打破壅堵平衡。其中，以 X 方向为驱动轴的带状粉碎/浅耕防堵机构，利用优化的旋耕刀片可实现条带防堵。以 Y 方向为驱动轴的侧抛覆盖防堵机构，利用清洁组合刀片有效实现侧抛覆秸保墒效果。以 Z 方向为驱动轴的滚筒式防堵机构，采用变径滚杆组合，安装在滑切式开沟器铲柄正前端，实现带状水平拨秸的防堵效果。

立轴式秸秆移位防堵机构主要由交叉对偶立式刀片、旋转刀盘和旋转轴承等组成，其安装在滑切式开沟器铲柄的正前方作业。如图 3.4 所示，适用于小麦秸秆全量覆盖地夏玉米"秸秆移位"免耕播种的作业思路：待播区地表上的秸秆在防堵机构旋转扰动作用下，沿回转刀刃切线方向向种床一侧抛出，实现待播区地表平整无秸秆，随后开沟器完成开沟破土、地表平整、施肥播种。其中，立式刀片与秸秆、土壤间相互作用，依次为砍切、扰动、平整。且刀片对称交叉布置，主要是为了扰动作业过程中满足动平衡要求。

(a) 壅堵秸秆的受力简图　　　　　　　　　　(b) 防堵驱动轴系

图 3.3　驱动轴系的构建

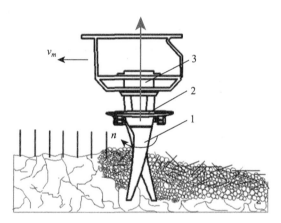

图 3.4　立轴式秸秆移位防堵机构结构示意图

1. 对偶立式刀片；2. 旋转刀盘；3. 旋转轴承；v_m 为作业前进速度，单位为 m/s；n 为刀盘工作转速，单位为 r/min

3.2　秸秆移位主动防堵机构工作原理

3.2.1　仿生螺旋锯齿刀片设计

　　诸多专家基于仿生学原理对动物的不同部位的切削行为（鼹鼠、蝗虫、蟋蟀、蝼蛄）展开深入研究，研究结果表明这些动物的足趾的变曲率轮廓特征有效减小切削行为的切削阻力。其中，螳螂前足的腿节和胫节布满坚硬锋利的锯齿（图 3.5），其奇特的生理结构为农业机械的秸秆切削部件和碎土部件提供高效的仿生设计参考。

图 3.5　螳螂足趾排列的齿形结构

　　如图 3.6 所示，利用 MATLAB 软件对螳螂的足趾排列结构图像依次进行灰度化处理、二值化处理、空洞填充、提取边界曲线，最后利用骨架膨胀法对边界曲线进行连接，获取锯齿（足趾的外形轮廓）的 CAD 重构模型，将提取到的锯齿轮廓做进一步的平滑整理，如图 3.6(d) 所示，在二维坐标系中提取螳螂的足趾模型的 X、Y 坐标拟合为平滑的锯齿"刃口"曲线。将锯齿"刃口"曲线运用于立式旋耕刀的切削刃上。传统的立式旋耕刀主切削刃圆周内切削角过小，导致旋转主切削刃运动至弧度区间 $[\pi, 2\pi]$ 内时形成土壤、秸秆的二次切削，产生较大阻力且振动幅度增加；而过大内切削角需要较大的刀片宽度，造成安装角的选择很难平衡刀盘上的侧向力。因此，为了避开二次切削问题，将立式旋耕刀片的侧切面设计为螺旋状，来增大内切削角。同时，由于田间的秸秆状态属于无支撑、无规则排序，回转作业过程中通过降低切削刃口与秸秆层接触滑移率来实现旋切分离的目的。本节设计的仿生螺旋锯齿刀，锯齿的存在使得纵、横交错的秸秆不易从锯齿刀片的切削刃滑落，同时增加了刀片和秸秆之间的滑切作用。

(a) 足趾　　　　　(b) 二值化处理　　　　(c) 边界曲线提取　　　(d) 骨架膨胀连接

图 3.6　锯齿"刃口"重构模型

　　根据拟合的"刃口"曲线和木工用锯齿锯木的思想，选取胫节前端稍尖的"刃口"作为锯齿的设计模型，测量得到锯齿根部宽度为 1～1.5mm，锯齿深度为 6mm，锯齿宽度为 10mm，锯齿轮廓提取后拟合曲线如图 3.7 所示。立式螺旋锯齿刀与传统的立式旋耕刀加工工艺相同，由于工作过程中刃线中部扰动秸秆的同时，刃线底部与土壤中的砂石产生巨大摩擦，承受较大的载荷，因此选用 65Mn 钢作为加工材料，通过锻压、盐浴、回火等加工工序实现刀片耐磨、硬度强，最后采用砂轮机和切割机制成锯齿状，立式螺旋锯齿刀片示意图和实物如图 3.8 所示。实际作业过程中发现锯齿宽度、深度过大，易缠绕秸秆；过小则易磨损。结合实际秸秆的结构特征并进行多次重复试验确定立式螺旋锯齿刀片的参数如表 3.1 所示。

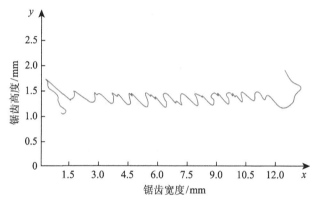

图 3.7　锯齿轮廓提取后拟合曲线

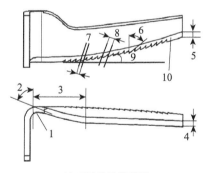

(a) 刀片结构示意图

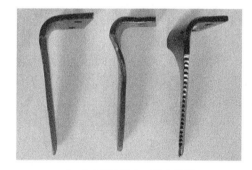

(b) 仿生螺旋锯齿刀片实物图

图 3.8　仿生螺旋锯齿刀片结构示意图和实物

1. 折弯半径；2. 螺旋升角；3. 螺距；4. 刀被厚度；5. 锯齿刃部宽度；6. 锯齿倾角；7. 锯齿宽度；
8. 锯齿根部宽度；9. 滑切角；10. 锯齿刃；11. 切土刃

表 3.1　仿生螺旋锯齿刀片主要结构参数

参数	锯齿宽度/mm	锯齿深度/mm	锯齿根部宽度/mm	锯齿倾角/(°)	锯齿数目	螺距/mm	螺旋升角/(°)	刃线总长/mm	锯齿刃长/mm	切土刃长/mm
数值	10	6	1～1.5	30°	20	10	15	200	210	30

3.2.2 仿生立式螺旋锯齿刀运动轨迹分析

对偶立式螺旋锯齿刀片固定在刀盘两侧绕刀轴中心 O 做圆周运动,作业播种机匀速前进运动做牵连运动。以防堵机构旋转中心为原点建立固定坐标系, x 轴正方向与作业播种机前进方向一致, y 轴正方向垂直向下,设刀轴旋转角速度为 ω, v_d 为刀刃端点圆周运动的切向速度,作业播种机前进速度为 v_m,其中防堵机构旋转方向与播种机作业方向垂直,开始时对偶立式螺旋锯齿刀的端点 N 位于前方,水平与 x 轴重合,则防堵机构端点的运动轨迹方程为

$$\begin{cases} x = R\cos\omega t + v_m t = R(\cos\alpha_1 + \alpha_1/\lambda) \\ y = R\sin\omega t = R\sin\alpha_1 \end{cases} \tag{3.11}$$

将式（3.11）中消除时间参数,可得刀齿运动轨迹方程：

$$x = \frac{v_m}{\omega}\arcsin\frac{y}{R} + \sqrt{R^2 - y^2} \tag{3.12}$$

式中, x、y 为立式螺旋锯齿刀端点在任意时刻的位置坐标； α_1 为防堵机构转角,有 $\alpha_1 = \omega t$,单位为 rad。

立式旋切刀片的运动轨迹即摆线的形状取决于刀刃端点圆周切向速度 v_d（$v_d = R\omega$,单位为 m/s）与播种机前进速度 v_m 的比值 λ,则 λ 为

$$\lambda = \frac{v_d}{v_m} = \frac{2\pi R n_2}{2\pi R' n'} = \frac{R}{R'i} \tag{3.13}$$

式中, R 为刀轴回转半径,单位为 mm； R' 为播种机地轮回转半径,单位为 m； n_2 为刀轴驱动转速,单位为 r/min； n' 为地轮转速,单位为 r/min； i 为传动系总传动比。

当 $\lambda<1$ 时,由式（3.11）可得,无论防堵机构运动到什么位置,秸秆的位移方向与播种机作业方向相同,其运动轨迹呈短摆线,不能够达到清秸防堵的目的；立轴式防堵机构秸秆移位的必要条件是速比 $\lambda>1$,由如图 3.9 所示,防堵机构运动轨迹呈余摆线。

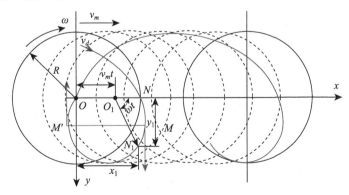

图 3.9　秸秆移位防堵机构运动余摆线轨迹图

O 为防堵机构旋转中心； O_1 为防堵机构 t 时刻转动中心； N 为作业刀刃起始位置； N_1 为作业刀刃 t 时刻位置；
R 为刀轴回转半径,单位为 mm； ω 为防堵机构的角速度,单位为 rad/s

由式（3.13）求得水平秸秆移位的范围内最大横弧长 MM' 为

$$\Delta x = MM' = \frac{2R}{\lambda}\left(\arcsin\frac{1}{\lambda} + \sqrt{\lambda^2 - 1} - \frac{\pi}{2}\right) \qquad (3.14)$$

3.2.3 刀轴转速、回转半径、刀盘幅宽参数分析

为确保立轴式防堵机构秸秆移位的功能实现，在参数设计上要考虑圆柱体有环量绕流的分流条件和余摆线运动的必要条件的要求，以回转半径为 R 的防堵机构在秸秆层中以等角速度绕轴线旋转，根据式（3.10）分析可知，当 $|\Gamma| \leqslant (4\pi Ua)$ 时，流体会发生分流现象，圆柱体边界某点处的线速度与均匀来流的速度关系如下：

$$\mu_\theta = \omega R \leqslant 4U \qquad (3.15)$$

由式（3.11）分析可知，做余摆运动的必要条件是 $\lambda>1$，则可以推导出顺利秸秆移位的必要条件为

$$v_d = \omega R > v_m \qquad (3.16)$$

式中，μ_θ 为圆柱体轴心 a 处点的圆周速度，单位为 m/s；ω 为立式旋切刀转动角速度，单位为 rad/s；v_d 为刀刃端点圆周切向速度，单位为 m/s；v_m 为播种机前进速度，单位为 m/s。

假设秸秆层在开沟器作用下产生的均匀来流的速度与播种机的前进速度相等，则由式（3.15）及式（3.16）可以求出秸秆移位的条件：

$$v_m < \omega R \leqslant 4v_m \qquad (3.17)$$

根据保护性耕作要求：玉米播种时土壤扰动量越小，保墒效果越好，故刀刃入土深度设为 1～2mm，播种开沟实际垄形宽度为 40～60mm，侧位施肥法要求施肥开沟器与播种开沟器距离为 30～50mm，故防堵机构回转半径 R 取 120mm，一般玉米免耕播种机正常作业速度范围为 6～8km/h（即 1.6～2.2m/s），由式（3.13）求得刀轴转速 n_2 的取值范围为 133～710r/min。

麦茬田秸秆量大，为了不破坏土壤墒情且保证玉米播种质量，必须确保防堵机构将施肥、播种开沟器正前方的秸秆从作业行移位至苗床行间。图 3.10 为四行免耕播种机防堵机构布置示意图。

为了使四行免耕玉米播种机在麦茬田全面作业，秸秆移位防堵机构刀盘位置参数应满足：

$$B \leqslant 2R - \Delta h_0 \text{ 且 } 2R < H \qquad (3.18)$$

$$S = v_m t = \frac{v_m 60}{2n} = \frac{30v_m}{n} \qquad (3.19)$$

式中，$n=30v_m/S$。由式（3.11）可得

$$\begin{cases} x_N = x_M + S/2 \\ x_M = v_m t + R\cos\omega t \end{cases} \qquad (3.20)$$

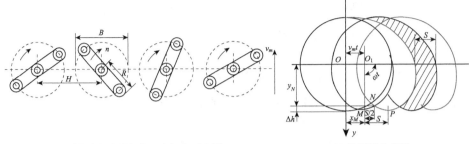

(a) 秸秆移位防堵机构刀盘幅宽示意图　　　　　(b) 秸秆扰动节距

图 3.10　四行免耕播种机防堵机构布置示意图

M 为第一刀刃 t 时刻作业位置；N 为 2 个刀刃作业重合位置；P 为第二刀刃 t 时刻作业位置；
B 为刀盘工作幅宽，单位为 mm；S 为秸秆扰动节距，单位为 mm；Δh 为凸起高度，单位为 mm；
H 为播种行距，单位为 mm

同一个刀盘上安装两把立式刀片，$\omega t = \pi/2$，则一周内两刀齿相继对秸秆的扰动间隔时间为 $t = \pi/\omega$，则

$$S = v_m t = \frac{\pi v_m}{\omega} \tag{3.21}$$

将式（3.20）代入式（3.21），变换可得

$$x_N = v_m \frac{\pi}{2\omega} + \frac{\pi v_m}{2\omega} = \frac{\pi v_m}{\omega} = S \tag{3.22}$$

将方程（3.12）和方程（3.22）联合，可得

$$S = \frac{v_m}{\omega} \arcsin \frac{y_N}{R} + \sqrt{R^2 - y_N^2} \tag{3.23}$$

$y_N = R - \Delta h$，取 $B = 2R - \Delta h$，则有

$$S = \frac{v_m}{\omega} \arcsin\left(\frac{B}{R} - 1\right) + \sqrt{\frac{B}{R}\left(2 - \frac{B}{R}\right)} \tag{3.24}$$

令 $B = kR$，取 $k \leqslant 2$，其中 k 为相邻刀盘的重叠量系数，则有

$$\frac{S}{R} - \frac{1}{\lambda} \arcsin(k-1) - \sqrt{k(2-k)} = 0 \tag{3.25}$$

由式（3.25）可知，随着 λ 的减小，k 减小，秸秆扰动节距 S 也减小，由于覆盖秸秆属于无支撑多自由度块体，扰动节距越小，开沟器正前方作业行内的秸秆量越小。结合农艺要求播种行距 H 为 600mm，播种机作业速度取 6km/h。根据文献及对偶立式刀片安装刀盘的强度要求，系数 k 不宜过小，故 k 取 1.8，则刀盘幅宽 B 为 216mm，同时结合式（3.13）、式（3.25）可得速比 λ 为 3.5，则秸秆移位防堵机构刀轴转速 n_2 为 466r/min，扰动节距 S 为 12.3mm。

3.3   秸秆-土壤-防堵机构相互作用仿真分析

3.3.1   秸秆-土壤-防堵机构系统仿真模型构建

依据第 2 章离散元分析软件 EDEM 构建秸秆覆盖土壤模型。为了减少仿真运行时间,依照实际播种机单体的作业幅宽构建尺寸为 3200mm×1000mm×400mm(长×宽×高)麦秸覆盖虚拟土槽。设置耕作层土壤厚度为 250mm(颗粒数为 321600 个)、秸秆覆盖厚度为 120mm(颗粒数为 11000 个),并采用逐层生成的方式。其中,土壤耕作层土壤颗粒生成过程中,自由沉降后在土壤颗粒群正上方垂直方向加载,保证了土壤模型与实际紧实度基本一致。将 CATIA 软件建立的加装秸秆移位防堵机构的播种单体模型导入到 EDEM 中,如图 3.11 所示为秸秆-土壤-防堵机构的仿真模型。根据前面的运动学分析和实际免耕播种作业要求,设置机具作业速度为 1.6m/s,防堵机构刀轴回转速度为 500r/min,入土深度为 20mm,仿真固定时间步长为 $4.0×10^{-5}$s,Rayleigh 时间步长为 25%,总时间为 3.5s,网格单元尺寸为最小颗粒半径的 3 倍。

图 3.11   秸秆-土壤-防堵机构离散元仿真模型(见彩图)

3.3.2   秸秆和土壤的运动分析

选取仿真时间为 2.65s 时刻立式秸秆移位防堵机构作业状态,如图 3.12 所示为秸秆层和土壤层在防堵机构作业下的移动区域。分析表明:秸秆层被作用的区域形成一条带状洁区,耕作层表面土壤颗粒得到疏松,形成一条平整的"U"型沟。由于目前国内外尚无免耕播种行秸秆清洁质量的统一标准,通过相关学者及实际免耕播种机的作业质量要求,选取秸秆层的秸秆清洁率、土壤层浅耕区的地表平整度作为仿真试验、土槽试验及田间试验的评价指标。

(a) 秸秆层移动区域

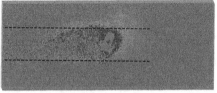
(b) 土壤层移动区域

图 3.12　秸秆层和土壤层的移动区域（见彩图）

（1）秸秆清洁率。

利用 EDEM 软件后处理的 Selection Group 模块，监测秸秆颗粒在防堵机构作用仿真前后的数量变化，提取作业前后 Selection Group 线框区域内的秸秆颗粒数目，如图 3.12(a)所示。对播种行作业区秸秆清洁率 η 进行计算：

$$\eta = \left(1 - \frac{m_1}{m_2}\right) \times 100\% \qquad (3.26)$$

式中，η 为秸秆清洁率，单位为%；m_1 为仿真后秸秆颗粒数；m_2 为仿真前秸秆颗粒数。

（2）地表平整度。

截取耕作区 X 方向土槽横断面，利用 Selection Grid bin Group 模块提取土壤颗粒 Z 方向的高程值，以土槽底部作为基准线，耕后地表线为测量拟合对象。如图 3.13 所示，在立式螺旋锯齿刀片作业幅宽内以 600mm 为间距等分测试点，每等分点测定基准线与耕后地表线垂直高度 a_{ij}，计算耕作区横断面垂直距离的平均值和标准差，并以标准差的值表示为耕后的地表平整度。

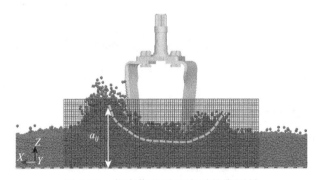

图 3.13　仿真作业后地表平整度测量

选取秸秆块 C 为研究对象，如图 3.14 为防堵机构与秸秆颗粒作用过程的速度矢量示意图（T 为仿真时间）。余摆运动的立式螺旋锯齿刀片不断对松散的秸秆块 C 进行扰动、旋切、拨抛等作用，实现带状分离。由图 3.14(c)、图 3.14(d)的矢量示意图可知，被作用的秸秆沿柱状环流面的切线方向运动，平均切向速度为 3.42m/s。

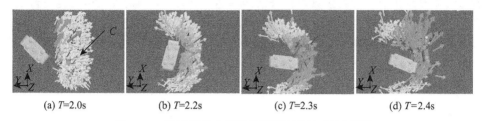

(a) T=2.0s　　　　(b) T=2.2s　　　　(c) T=2.3s　　　　(d) T=2.4s

图 3.14　防堵机构作用秸秆层的速度矢量示意图

为了更好地探究秸秆在立式螺旋锯齿刀片和土壤的共同作用下的运动轨迹，从上述秸秆块 C 中追踪 3 根红色秸秆颗粒（1 号、2 号和 3 号）运动特性，3 根秸秆均位于防堵机构余摆线扰动范围内，当刀片前进运动时便于秸秆接触，其运动特性最能反映出防堵机构对秸秆层的作用。设定所有秸秆颗粒的初始位置为坐标原点，从图 3.15(a)秸秆颗粒的受力-时间曲线分析表明：旋转刀刃的瞬间滑切扰动作用产生一个波峰力，随后秸秆颗粒移位脱离刀刃接触，作用力开始衰减至 0 左右，秸秆颗粒的平均切向力为 55.2mN。由秸秆颗粒的 X 轴方向的位移-时间曲线(图 3.15(b))分析可知：秸秆受到瞬间的圆周切向力作用后侧向位移的矢量值瞬间增加，在秸秆自身的惯性作用、秸秆间的相互碰撞及土壤的扰动碰撞下继续运动，当切向力作用仿真时间在 1.2s 以后，秸秆位移矢量值稳定在 400～580mm 范围内，秸秆颗粒从播种行移位至苗床行间，符合免耕播种的农艺行要求。

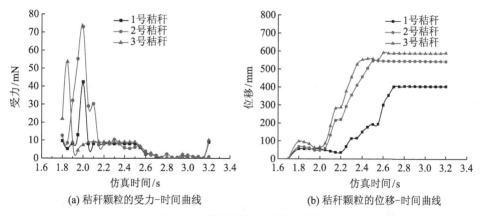

(a) 秸秆颗粒的受力-时间曲线　　　　　(b) 秸秆颗粒的位移-时间曲线

图 3.15　秸秆颗粒运动特性分析

仿真过程中秸秆受余摆运动的立式螺旋锯齿刀片作用发生运动，不考虑秸秆被切断的情况。仿真时间 0～1.5s 期间完成秸秆覆盖土壤模型的生成，防堵机构处于下降调整入土深度运动。选取仿真时间为 2.0～2.6s 之间的秸秆-土壤-防堵机构耦合作用阶段为分析对象，对带状回转区域内仿真前后的秸秆颗粒数量进行统计，则仿真试验统计在带状回转区域内秸秆清洁率达 98.5%，同时对无秸区行宽进行随机采样，测量取平均值，其值为 245.5mm，符合无秸区开沟施肥、播种要求，故秸秆移位防堵机构的机构参数和运动参数设计可行。图 3.16 为不同时刻秸秆移位追踪效果图，随着防堵机构扰动前进出现一片无秸秆区域，验证了所设计的基于螺旋锯齿刀片的防堵机构秸秆移位的可行性。

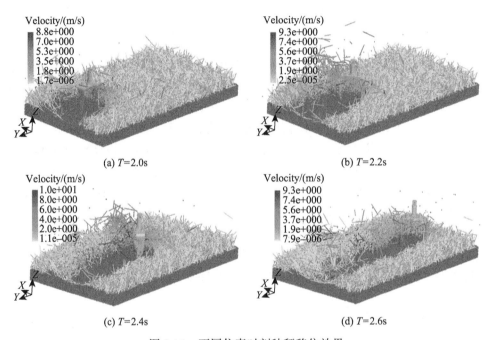

图 3.16　不同仿真时刻秸秆移位效果

　　立轴式驱动防堵与横轴式驱动防堵机构区别在于：① 工作部件的末端速度为常数且在土壤中的作业形程较长；② 在扰动、切削土壤时沟底没有凹凸不行现象且空间曲线的曲率半径为常数。3.5 节将重点开展条带浅耕对地表平整效果的研究。选取土壤块 D 为研究对象，图 3.17 为防堵机构与压实的土壤颗粒作用过程的扰动示意图，其中耕作区的土壤颗粒沿刀轴转角 $3\pi/2$ 处切线方向抛出，且锯齿刃全程

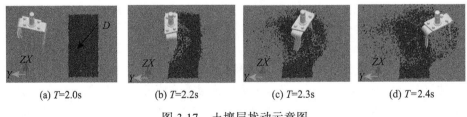

图 3.17　土壤层扰动示意图

交替不断地对未耕区的土壤块 D 进行剪切、扰动、抛掷等作用,完成碎土、疏松、平整耕层土壤的目的。

3.4　秸秆-土壤-防堵机构作用室内土槽试验

3.4.1　试验平台搭建

在自制的室内土槽试验平台进行试验方案的总体设计,土槽尺寸 6m×1m×0.6m(长×宽×高),该试验平台主要包括:① 防堵机构;② 土槽牵引机构;③ 垂直耕深调节机构;④ 试验平台测控系统。

试验平台硬件结构主要由防堵机构驱动电机、减速器、转速转矩传感器、牵引导轨、耕深调节装置等组成,如图 3.18 所示。其中防堵机构驱动采用 1.0kW 无刷直流电机加装 1:5 的蜗杆减速器实现 600r/min 内可调;牵引导轨采用 0.8kW 直流伺服电机直连 1:40 的减速器,可实现水平牵引作业速度 0~2.5m/s 可调;转速转矩传感器通过联轴器安装在蜗杆减速器动力输出端与防堵单体刀盘轴之间。耕深调节装置通过牵引支撑架下端的 4 个可调式升降杆实现立式旋耕刀入土深度调节,每个试验工况的参数控制均通过实验平台测控系统来实现。首先,上位机软件发送控制信号让电机启动,动力经过蜗杆减速器传递到转速转矩传感器,最后驱动防堵单体作业。牵引速度控制也是通过上位机设定转速控制信号达到恒定的作业速度。

图 3.18　土槽试验

1. 电源;2. 螺旋锯齿刀;3. 转速转矩传感器;4. 无刷直流电机;5. 电机驱动器;6. 牵引导轨;7. 覆盖秸秆

3.4.2　刀轴运动速比对秸秆和土壤运动情况分析

土槽试验结果表明:随着运动速比 λ 的增加,秸秆位移(水平位移和侧向位移)也随之增加。其中 λ 从 2.8 增加到 4.5 时,秸秆的水平位移增加 18.3%、侧向位移增加 2.8%。$P>0.1$ 时 3 种速比下的秸秆侧向位移无显著性差异，$P<0.05$ 时 3 种速比下的秸秆水平位移有显著性差异。绝大部分秸秆示踪器都是在向刀轴转角 $3\pi/2$ 处被位置重置，试验结果与秸秆颗粒仿真运动分析结果一致。

如图 3.19(a)所示为 3 种运动速比（λ_1、λ_2、λ_3）工况下秸秆黄色横向示踪器作业前后的二维分布情况。当 $\lambda_1=2.8$ 时，秸秆扰动效果不明显，侧向位移较小，主要原因是相邻的漏耕区的秸秆只能靠相邻的动能较大的秸秆撞击获取侧向动能来完成位置变化。而 $\lambda_3=4.5$ 时，侧向位移明显增大且向刀轴转角 $3\pi/2$ 处抛出、远离耕作区域，图 3.19(b)为 3 种运动速比工况下秸秆红色纵向示踪器作业前后的二维分布情况。但是速比 $\lambda_1=2.8$ 时有少量的秸秆示踪器仍留在耕作区内；当运动速比 $\lambda_2=3.6$ 和 $\lambda_3=4.5$ 时，基本上所有的秸秆示踪器被抛出耕作区域，该效果与防堵机构作业形成带状"洁区"相吻合，同时也验证了立式秸秆移位防堵机构设计的合理性。

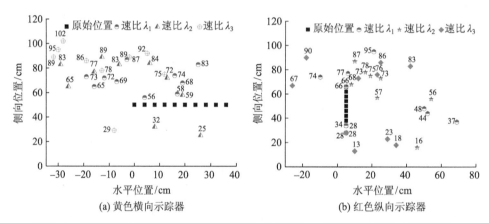

(a) 黄色横向示踪器　　　　　　　　(b) 红色纵向示踪器

图 3.19　3 种运动速比工况下秸秆示踪器作业前后的二维位置分布图（见彩图）

土壤示踪器的水平位移和侧向位移随着运动速比 λ 的增加而增加。其中 λ 从 2.8 增加到 4.5 时，土壤的水平位移增加 32.5%、侧向位移增加 10.3%。3 种速比下的土壤水平位移有显著性差异（$P<0.05$），而速比为 2.8 时的土壤侧向位移无显著性差异（$P>0.1$），速比为 3.6~4.5 间有显著性差异（$P<0.1$）。试验结果与前面秸秆颗粒仿真运动分析结果一致。如图 3.20 所示为 3 种运动速比工况下土壤示踪器作业前后的二维位置分布图。速比越大土壤示踪器沿圆周切向抛的位移越远。总体看来，耕作区与刀刃接触的土壤示踪器都出现重置，部分重置的土壤示踪器仍在耕作范围内，土槽试验结果与土壤颗粒仿真运动分析结果一致。

相对于仿真作业，土槽试验测量秸秆移除或重置的根数比较困难，因此将防堵机构作业前后条带区内的秸秆重量的比值百分数作为秸秆清洁率，其中秸秆的清洁率主要反映防堵机构作用秸秆发生重置（水平位移和侧向位移）的程度，由上述分析可知，秸秆侧向位移是提高秸秆清洁率的重要指标。仿真试验与室内土槽的条带区秸秆清洁率对比如图 3.21 所示，室内土槽试验的 3 种速比工况下的秸秆清洁率与仿真结果基本吻合，平均误差率为 3.06%。验证了前面构建的秸秆覆盖土壤离散元仿真模型的可行性，且可以预测田间试验的防堵效果。如图 3.22 所示为所设计的仿生螺旋锯齿刀片 3 种运动速比下的秸秆清洁效果图。经测量，3 种工况下得秸秆清洁率分别为 80.15%、86.23%和 91.02%。结果显示随着速比的增大，秸秆的清洁效果越来越好，其中速比为 4.5 时作业后的秸秆清洁率较速比为 2.8 时提高了 9.87%。

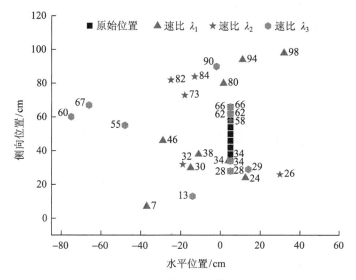

图 3.20　3 种运动速比工况下土壤示踪器作业前后的二维位置分布图

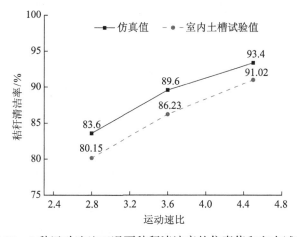

图 3.21　3 种运动速比工况下秸秆清洁率的仿真值和室内试验值

(a) $\lambda_1=2.8$　　　　　　　　(b) $\lambda_2=3.6$　　　　　　　　(c) $\lambda_3=4.5$

图 3.22　3 种运动速比工况下秸秆清洁效果

3.5　立式条带浅旋作业过程的地表平整效果分析

种床土壤环境对播种质量起着重要影响,主要包括播种行地表平整度、土壤膨松度及土壤墒情等。综合土壤作业质量及作物生理特征指标分析,机械化作业环节的关键障碍因子为:地表平整度>地表秸秆覆盖量>耕深>药肥用量,说明地表平整度对机械化作业效果及作物苗期形态特征影响很大[3]。免耕播种机在秸秆还田作业时,播种行的耕层土壤平整效果决定开沟器开沟作业稳定性。土壤微地貌特征参数是耕作部件作业质量分析与性能评估的重要数据基础,与地表粗糙度、土壤扰动量、地表平整度、耕深稳定性等均存在不同程度的统计相关性[4,5]。立轴式秸秆移位防堵机构作业过程中具有清理秸秆、平整土壤的作用,不同运动速比对地表平整度具有一定影响。因此,本节研究如下:① 利用运动学和动力学原理解析条带耕作中横轴式与立轴式刀刃作用耕层土壤单元垡块运动行为,继续探究仿生螺旋锯齿式防堵过程中对耕层土壤平整效果的影响。② 基于激光三角法设计一种耕作土壤地貌特征参数测量系统,以快速、准确获取土壤微地貌提供自动化测量仪。

3.5.1　立式浅旋抛扔垡片过程分析

旋耕过程是旋耕部件的结构和运动参数直接影响耕作区土壤平整度、碎土质量、耕深稳定性等作业性能。从图 3.23 可以看出,水平面相邻两把螺旋锯齿刀刃在相继切土的时间间隔内作用于土壤,描述出相同的彼此移开一个切土节距 S 的曲线,形成断面后,变成垡片。其中垡片的厚度及土壤的破碎程度由 S 值确定。

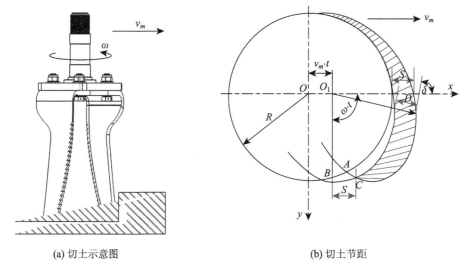

(a) 切土示意图　　　　　　　　　　(b) 切土节距

图 3.23　浅耕土壤时垡片形成示意图

设防堵机构中螺旋锯齿刀的回转半径为 R，刀轴转速为 ω，作业前进速度为 v_m，运动速比为 λ。根据旋耕刀运动分析，求得螺旋锯齿刀刃线任意端点的绝对速度 v_t 和 S 值分别为

$$\begin{cases} v_t = v_m\sqrt{1+\lambda^2 - 2\lambda\sin\omega t} \\ S = 2\pi v_m/(z\omega) = 2\pi R/(z\lambda) \end{cases} \tag{3.27}$$

无论刀轴绕顺时针或逆时针旋转，刀齿切土时垡片厚度变化规律相同。取螺旋锯齿刀端点相邻轨迹线之间的土壤垡片单元进行分析。根据图 3.23(b)几何关系，可得刀片切土过程中垡片的厚度 D 为 $S\sin\delta$，由秸秆扰动节距可知，S 是刀盘转动 $2\pi/z$ 角的时间 t 内，防堵机构前进的距离，其中 z 为安装于同一刀盘上的螺旋锯齿刀的数量；δ 为螺旋锯齿刀端点轨迹切线与 x 轴的夹角，由刀齿端点绝对速度沿 x、y 轴分速度函数关系得出，则立式螺旋锯齿刀浅耕时垡片厚度 D 为

$$D = \frac{2\pi v_m}{z\omega}\sin\left(\frac{\lambda\cos\omega t}{\sqrt{\lambda^2 - 2\lambda\sin\omega t + 1}}\right) \tag{3.28}$$

立轴式旋耕相对于横轴式旋耕，其有效切削土壤的转角 ωt 取值范围为 $0°\sim360°$，因此不存在沟底凸起高度。由式（3.27）和式（3.28）可知，刀齿端点的绝对速度 v_t 和垡片的厚度 D 主要与运动速比 λ 及同一平面内立式螺旋锯齿刀安装数 z 等参数相关，一般情况下，切土节距越大，土块厚度越大且碎土效果越低。为了减少作业过程中秸秆缠绕、黏土，同一刀盘上安装数 z 取 2。因此，运动速比 λ 的大小对刀齿切垡片厚度、碎土效果、耕层底部地表平整效果等有重要影响。图 3.24 为速比 λ 分别为 2.8、3.6 和 4.5 工况下的余摆曲线。

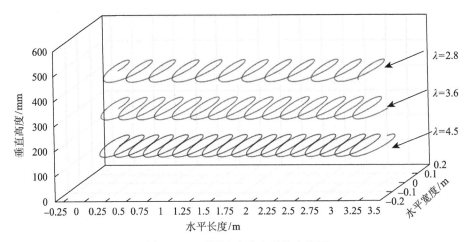

图 3.24　不同运动速比下的余摆线

由图 3.24 可知，刀齿重复耕作次数随着 λ 的增大而增多，且碎土效果越好。若刀轴回转半径不变，同一刀盘上安装 2 把螺旋锯齿刀时，在相同耕作效果情况下，λ 减小一半。

3.5.2　主要参数与工况的选择

立式螺旋锯齿刀刃运动轨迹呈余摆线，迫使秸秆层、土壤层做圆柱环量流绕流运动，假设刀刃切削土壤垡片所受的切削力为 F_v，随着切削转角 ωt 增大，A 点处的土壤垡片所受切削力消失，并以速度 v_0 沿圆周切线方向抛出。为了求得土壤垡片、秸秆流沿刀刃运动轨迹切线方向抛离至行间的临界条件，必须保证立式旋切刀回转离心力 F_c 沿切线方向分力大于土壤垡片或秸秆质点与土壤面滚动摩擦力 F_f，刀刃运动轨迹线上任意点 A 切削土壤单元的受力分析如图 3.25(a)所示。

土壤垡片（秸秆）单元所受的滚动摩擦力为

$$F_f = fm_3g + \frac{fm_3v_0^2\sin\alpha}{R} \quad\quad （3.29）$$

式中，m_3 为土壤垡片（秸秆流）单元质点的质量，单位为 kg；f 为土壤垡片单元与土壤表面的摩擦系数；α 为滑切角，单位为(°)。

土壤（秸秆）垡片单元能够移位至种床二侧的条件为

$$\frac{m_3v_0^2\cos\alpha}{R} \geqslant fm_3g + \frac{fm_3v_0^2\sin\alpha}{R} \quad\quad （3.30）$$

式中，切速度 $v_0=2\pi Rn/60$，$g=9.8\text{m/s}^2$。将其代入式（3.30），可得

$$n^2 \geqslant \frac{900f}{R(\cos\alpha - f\sin\alpha)} \quad\quad （3.31）$$

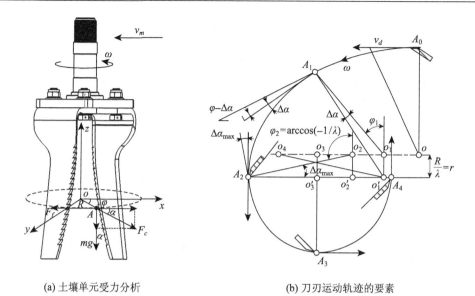

(a) 土壤单元受力分析　　　　　　　(b) 刀刃运动轨迹的要素

图 3.25　刀刃运动轨迹的要素及受力分析

当刀辊的转角 φ 从 $0 \sim 2\pi$ 时，随着 φ 增加切削速度减小，点 A_0 处的切削速度 v_d 为

$$v_d = \omega R \cos \Delta \alpha + \frac{\omega R}{\lambda} \cos(\varphi - \Delta \alpha)\qquad(3.32)$$

式中，$\Delta \alpha$ 为点 A 切削速度和圆周速度间的夹角，点 A_0 和 A_3 处 $\Delta \alpha$ 趋近于 0，分别得出两处的绝对速度为

$$v = \omega R \left(1 \pm \frac{1}{\lambda}\right)\qquad(3.33)$$

则点 A_0 绝对速度是圆周速度与前进速度矢量和，点 A_3 的绝对速度为两者矢量差。

从图 3.25(b) 中可得：

$$\frac{\omega R}{\sin(\varphi - \Delta \alpha)} = \frac{\omega R}{\lambda \sin(\Delta \alpha)}\qquad(3.34)$$

由式（3.34）求得

$$\Delta \alpha = \operatorname{arctg} \frac{\sin \varphi}{\lambda + \cos \varphi}\qquad(3.35)$$

由式（3.35）求解余摆线与形心线 A_2A_4 的交点 A_2 的刀辊转角：

$$\varphi_2 = \arccos\left(-\frac{1}{\lambda}\right)\qquad(3.36)$$

由 $\triangle o_2 A_2 o_2{}'$ 可得到最大值切削角：

$$\Delta\alpha_{\max} = \arcsin\frac{1}{\lambda} \qquad (3.37)$$

分析 $\Delta\alpha_{\max}=f(\lambda)$ 关系式，结合玉米免耕播种机田间作业前进速度（6～8km/h）及土槽试验基础上定性秸秆移位所需的切削速度，推荐 λ 的合理值为4～6。进一步加大 λ 值，增加切削角的变化范围。

3.5.3 耕作土壤沟形测控系统设计

1）系统硬件设计

耕作土壤表面沟形测试系统采用上、下位机模式构建。上位机采用便携式计算机，下位机硬件以美国国家仪器公司 NIcDAQ-9174 型便携式运动控制卡为核心。上位机向运动控制卡发送操纵指令和工作参数，实现对测试系统的 X/Y 运动轴控制，数据监测、处理及保存等；下位机由控制卡 NI9401、电流采集卡 NI9219、X/Y 轴驱动电机、驱动器、旋转编码器、激光测距传感器、电源转换模块等组成，上位机与下位机通过 USB-SPI 适配器进行通信。

图 3.26 所示步进电机和丝杆通过弹性联轴器连接同步传动，从而驱动丝杆导轨滑台；激光测距传感器通过滑块固定在 X 轴滑轨上。试验前，通过水平仪调整激光成像单元呈直射式状态，测量过程中 X/Y 轴电动滑轨按照预设的轨迹运动，一次可实现 600mm×1200mm（测量面积 0.72m²）区域的地表沟形特征参数测量。以模拟电流形式输出至采集卡 AI；运动控制卡 2 路 DIO 接口向 X/Y 轴驱动器发送脉冲电平，实现步进电机转动控制，旋转编码器实时检测丝杆转速，保证驱动转速稳定控制，2 路 DIO 接口发送高低电平实现步进电机正反转。

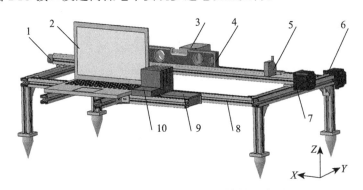

图 3.26　土壤沟形测控系统结构示意图

1. 旋转编码器；2. 计算机；3. 直流电源；4. 水平仪；5. 激光位移传感器；6. Y轴步进电机；7. X轴步进电机；8. 调整支撑架；9. 电机驱动器；10. 核心控制器

2）系统软件设计

上位机测控软件基于 LabVIEW 平台开发，采用交互式 G 语言编写，主要包括测控界面和控制程序。其中，测控软件界面主要包括 X/Y 轴驱动电机工作参数设置、路径通道选择以及土壤沟形特征参数图形化显示等功能,如图 3.27 所示。界面设置了多个布尔控件、2 个波形图表和 4 个性能参数显示单元,布尔控件主要调节脉宽调制(Pulse Width Modulator,PWM)占空比及电机正反转,波形图显示单一沟形断面拟合轮廓曲线和 3 维土壤表面沟形点云图,通道选择可以设置设备 AI、DIO接口索引。通过沟形响应面模型统计计算,显示出被测沟形表面粗糙度、沟形宽度、沟形深度及稳定性变异系数等参数。

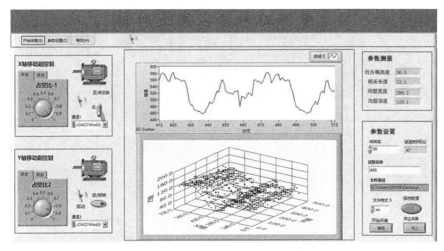

图 3.27　土壤沟形测控系统软件界面

3.5.4　立式浅耕对地表作业效果分析

种床土壤平整度是评价种床土壤平整效果的重要指标。利用前期自制的耕作土壤沟形测量系统对种床土壤横向高地落差进行扫描测量[6]。选取 3 个区域的种床土壤微地貌进行扫描。计算其种床土壤垂直高度标准差 S_{mn} 和横向最大垂直高度差 Δh,以 m 个行程的标准差平均值表示该区域的土壤平整度,其计算公式为

$$S_{mn} = \sqrt{\frac{\sum_{j=1}^{m}\sum_{i=1}^{n}(h_{i,j} - \overline{h})^2}{m_4 n - 1}} \qquad (3.38)$$

式中,$h_{i,j}$ 为任意扫描点到激光源的垂直距离,单位为 mm;$\overline{h}$ 为扫描点到基准面的平均垂直高度,单位为 mm;m_4 为被测区域纵向扫描点数;n 为被测区域横向扫描点数。

图 3.28 为作业前后耕作区土壤地貌响应图,由作业后地貌响应面可知,立式秸秆移位防堵机构可在"坑洼"不平的地表浅耕作业形成一个平整的"U"型盆沟。随机从"U"型盆沟选取 10 个断面轮廓,如图 3.29 所示,每个断面均存在一个宽

度为250mm左右的沟底，且通过10个断面轮廓曲线叠加发现沟底垂直波动很小，由式（3.28）计算作业前后的种床土壤平整度值，发现其由25.3降低至8.5。因此，立式秸秆移位防堵机构浅耕作业形成的"U"型平整盆沟为后续种-肥开沟深度稳定性及苗期整齐度、均匀度提供良好的环境。

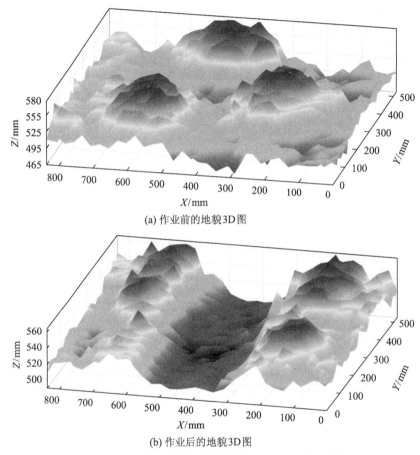

(a) 作业前的地貌3D图

(b) 作业后的地貌3D图

图 3.28　防堵机构作业前后耕作区土壤地貌响应图

对传统的立式直角刀(E_1)、立式螺旋刀(E_2)和立式螺旋锯齿刀(E_3)组成的3种防堵机构开展速比 λ 为2.8、3.6、4.5工况下的地表平整度仿真与土槽试验。图3.30为仿真与室内土槽试验不同速比下的地表平整度曲线，其中土槽试验结果表明，3种防堵机构随着运动速比 λ 增加，地表平整度值降低（即平整效果越好）。当 λ 从2.8增加至4.5时，3种防堵机构作业后耕作区地表平整度分别下降44.4%、40.4%和42.7%，且3个运动速比间的差异显著（$P<0.01$），与立式螺旋刀（包括仿生螺旋锯齿刀片）相比，每个运动速比下土壤平整效果均优于传统立式直刀，相同工况下地表平整度值最大相差4.34mm，与上述离散元EDEM仿真结果基本吻合。验证了

立式直刀折弯处螺旋线设计，有效增大内切削角从而降低地表平整度的可行性，为驱动式秸秆移位防堵机构关键参数优化提供依据。

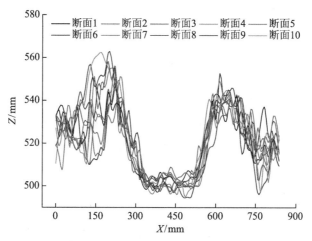

图 3.29　"U"型盆沟断面轮廓叠加曲线（见彩图）

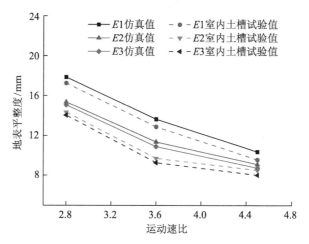

图 3.30　3 种运动速比工况下地表平整度的仿真值和室内试验值

3.6　防堵机构参数优化与田间试验

3.6.1　位置参数分析

为了便于分析，选取 2BMY-4 型秸秆移位玉米免耕播种机中 3 个土壤工作部件装置空间位置关系作为设计理论依据，如图 3.31 所示。创建空间位置坐标系 $O\text{-}xyz$，以防堵装置地表回转圆切点 O 为原点；沿机具前进方向的反方向为 x 轴正方向；以垂直与机具前进方向的水平方向为 y 轴正向，沿地表指向里面；垂直于地表向上为 z 轴正方向。设 3 个部件装置入土深度最低点空间坐标分别为 $A(0, 0, z_1)$、$B(x_2, y_2, z_2)$、$C(x_3, y_3, z_3)$。为了保证待播区清除秸秆质量，沿机具前进方向的清秸宽度大于等于种-肥开沟器 y 轴水平距离，设计刀轴回转半径为 120mm。结合夏玉米种植施肥管理农艺需求，播种行距为 600mm，播种深度为 30～50mm，且侧位深施基肥，一般施于种子一侧 40～60mm 为宜[7]，而该防堵装置安装于种-肥开沟器正前方。为降低土壤扰动量，保证种床地表平度且不出现抛土现象，前期通过田间开展单因素试验发现入土深度过大导致耕作表层土壤破坏，播种覆土性能差。

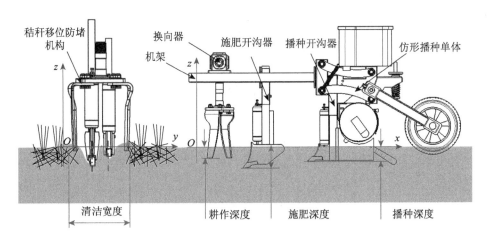

图 3.31　土壤部件位置关系示意图

3.6.2　材料与方法

2018 年 6 月在安徽农业大学智能农机装备工程实验室对防堵机构三因素二次回归正交组合。土槽电动滑轨水平速度 0～1.5m/s 可调，试验时通过人工制备全覆盖秸秆土壤，按照秸秆覆盖量 1.2kg/m² 进行模拟田间环境，同时对土槽内土壤、秸秆进行调湿，每次试验保证地表不平度、含水率和紧实度保持一致。

正交试验选取立式螺旋锯齿刀片滑切角 α、刀轴驱动转速 n、刀刃入土深度 h 为试验因素。根据离散元仿真结果和田间试验，选取刀轴转速为 400～600r/min；结合预试验单因素的作业效果，选取刀片滑切角为 0°～10°；结合麦茬高度、玉米播种农艺要求，选取刀刃入土深度为 0～40mm。依据三元二次回归正交组合设计理论，确定试验因素水平编码如表 3.2 所示。

表 3.2　试验因素水平编码表

编码号	试验因素		
	滑切角/(°)	刀轴转速/(r/min)	入土深度/mm
1.682	0	400	0
1	3	440	14
0	5	500	20
−1	7	560	26
−1.682	10	600	40

3.6.3　结果与分析

土槽试验结果如表 3.3 所示（表中 X_1、X_2、X_3 表示滑切角、刀轴转速、入土深度的编码值）。采用 Design-Expert 8.0.6 软件对试验数据进行二次回归分析，并进行多元回归拟合，得到秸秆清洁率 Y_1、地表平整度 Y_2 和功耗 Y_3 响应值的回归方程，并检验各因素的显著性。

表 3.3　正交试验统计结果

序号	因素			指标		
	X_1	X_2	X_3	秸秆清洁率 Y_1/%	地表平整度 Y_2/mm	功耗 Y_3/kW
1	−1	−1	−1	95.12	15.78	0.61
2	1	−1	−1	93.16	11.25	0.62
3	−1	1	−1	90.53	15.37	0.49
4	1	1	−1	87.02	16.52	0.49
5	−1	−1	1	93.52	11.26	0.38
6	1	−1	1	88.35	5.65	0.45
7	−1	1	1	88.68	16.09	0.38
8	1	1	1	87.96	13.08	0.45
9	−1.682	0	0	93.41	17.54	0.40
10	1.682	0	0	88.03	8.16	0.52
11	0	−1.682	0	94.35	8.35	0.55
12	0	1.682	0	89.06	19.52	0.42
13	0	0	−1.682	91.35	16.68	0.62
14	0	0	1.682	85.18	9.56	0.35
15	0	0	0	91.53	13.56	0.43
16	0	0	0	91.61	12.73	0.42
17	0	0	0	91.09	13.34	0.44
18	0	0	0	92.07	12.63	0.45
19	0	0	0	91.85	12.53	0.44
20	0	0	0	91.05	14.33	0.45

（1）秸秆清洁率 Y_1 的显著性分析。

通过对表 3.3 中数据进行分析，得到秸秆清洁率 Y_1 方差分析如表 3.4 所示，得出主因素中滑切角、刀轴转速影响极显著（$P<0.01$）。失拟项 $P>0.05$，回归模型极显著，说明回归方程和试验数据拟合程度较好。交互项中刀刃滑切角和刀轴驱动转速的交互作用 X_1X_2 对指标影响最大。各因素对 Y_1 的影响主次顺序为 $X_2>X_3>X_1$。剔除不显著项，得到各个因素与指标间回归方程：

$$Y_1 = 91.51 - 1.14X_1 - 1.46X_2 - 1.53X_3 + 0.97X_1X_2 - 0.66X_1X_3$$
$$+ 0.08X_2X_3 - 0.11X_1^2 + 0.23X_2^2 - 0.81X_3^2 \tag{3.39}$$

表 3.4　试验因子对秸秆清洁率影响方差分析

方差来源	平方和	自由度	均方	F 值	P 值
模型	100.79	9	11.2	21.13	<0.0001**
X_1	17.72	1	17.72	33.45	0.0002**
X_2	29.31	1	29.31	55.31	<0.0001**
X_3	31.88	1	31.88	60.15	<0.0001**
X_1X_2	7.51	1	7.51	14.17	0.0037**
X_1X_3	3.47	1	3.47	6.55	0.0284*
X_2X_3	0.053	1	0.053	0.1	0.7587
X_1^2	0.19	1	0.19	0.36	0.5641
X_2^2	0.79	1	0.79	1.49	0.2507
X_3^2	9.35	1	9.35	17.65	0.0018
残差	5.3	10	0.53	—	—
失拟项	4.48	5	0.9	2.43	0.435
纯误差	0.82	5	0.16	—	—
总值	106.09	19	—	—	—

**表示极显著（$P<0.01$）；*表示显著（$0.01<P<0.05$），下同

（2）地表平整度 Y_2 的显著性分析。

通过对表 3.3 中数据进行分析，得到表 3.5 所示地表平整度 Y_2 方差分析结果。试验模型显著（$P<0.01$），主因素中立式旋切刀滑切角对于指标影响极显著；交互项中刀刃滑切角和刀轴转速的交互作用 X_1X_2 对指标影响最大。各因素对 Y_2 的影响主次顺序为 $X_2>X_1>X_3$，剔除不显著项，得到各个因素与指标间回归方程：

$$Y_2 = 13.18 - 2.25X_1 + 2.41X_2 - 1.60X_3 + 1.41X_1X_2 - 1.03X_1X_3$$
$$+ 0.55X_2X_3 - 0.079X_1^2 + 0.30X_2^2 + 0.017X^2 \tag{3.40}$$

表 3.5 试验因子对地表平整度影响方差分析

方差来源	平方和	自由度	均方	F 值	P 值
模型	211.81	9	23.53	14.78	< 0.0001**
X_1	69.35	1	69.35	43.55	0.0001**
X_2	79.29	1	79.29	49.79	< 0.0001**
X_3	34.85	1	34.85	21.88	0.0009**
X_1X_2	15.9	1	15.9	9.99	0.0102*
X_1X_3	8.49	1	8.49	5.33	0.0436*
X_2X_3	2.42	1	2.42	1.52	0.2459
X_1^2	0.089	1	0.089	0.056	0.8178
X_2^2	1.34	1	1.34	0.84	0.3806
X_3^2	$4.07×10^{-3}$	1	$4.07×10^{-3}$	$2.56×10^{-3}$	0.9607
残差	15.93	10	1.59	—	—
失拟项	13.51	5	2.7	5.58	0.0412
纯误差	2.42	5	0.48	—	—
总值	227.74	19	—	—	—

（3） 功耗 Y_3 的显著性分析。

通过对表 3.3 中数据的分析，得到表 3.6 所示功耗 Y_3 方差分析结果。失拟项 $P>0.05$，试验模型显著（$P<0.01$），说明回归方程和试验数据拟合程度较好，主因

表 3.6 试验因子对功率消耗影响方差分析

方差来源	平方和	自由度	均方	F 值	P 值
模型	0.12	9	$1.3×10^{-2}$	55.79	<0.0001**
X_1	$9.06×10^{-3}$	1	$9.06×10^{-3}$	38.77	<0.0001**
X_2	$1.6×10^{-2}$	1	$1.6×10^{-2}$	68.79	<0.0001**
X_3	$7.4×10^{-2}$	1	$7.4×10^{-2}$	315.77	<0.0001**
X_1X_2	$1.25×10^{-5}$	1	$1.25×10^{-5}$	0.053	0.8218
X_1X_3	$2.11×10^{-3}$	1	$2.11×10^{-3}$	9.04	0.0132
X_2X_3	$7.81×10^{-3}$	1	$7.81×10^{-3}$	33.42	0.0002
X_1^2	$1.08×10^{-3}$	1	$1.08×10^{-3}$	4.63	0.0569
X_2^2	$4.41×10^{-3}$	1	$4.41×10^{-3}$	18.89	0.0015
X_3^2	$4.41×10^{-3}$	1	$4.41×10^{-3}$	18.89	0.0015
残差	$2.33×10^{-3}$	10	$2.33×10^{-4}$	—	—
失拟项	$1.65×10^{-3}$	5	$3.31×10^{-4}$	2.42	0.177
纯误差	$6.83×10^{-4}$	5	$1.36×10^{-4}$	—	—
总值	0.12	19	—	—	—

素中旋切刀滑切角、刀轴转速、入土深度对于指标影响均为极显著（$P<0.01$），交互项中刀轴驱动转速和刀刃入土深度的交互作用 X_2X_3 对指标影响最大。各因素对 Y_3 的影响主次顺序为 $X_3>X_2>X_1$。得到各个因素与指标间回归方程：

$$Y_3 = 0.44 + 0.026X_1 - 0.034X_2 + 0.074X_3 - 1.25\times10^{-3}X_1X_2 + 0.016X_1X_3$$
$$+ 0.031X_2X_3 + 8.66\times10^{-5}X_1^2 + 0.018X_2^2 + 0.018X_3^2 \tag{3.41}$$

3.6.4　响应曲面分析

通过 Design-Expert 8.0.6 中的 3D 响应曲面图，能够直观展示滑切角、刀轴转速、刀刃入土深度任意 2 个因子作为交互因子对秸秆清洁率、地表平整度和功耗的响应曲面图（图 3.32）。对于秸秆清洁率，当入土深度为 20mm 时，防堵装置中刀刃滑切角与刀轴转速交互作用（图 3.32(a)），秸秆清洁率随滑切角的变大呈先增后减，在 0 水平附近取最大值，随刀轴转速的提高先增大后小幅度降低；当刀轴转速为 500r/min 时，由图 3.22(b)所示随刀刃入土深度呈先增后降趋势。对于地表平整度，当入土深度为 20mm 时，由图 3.32(c)所示地表平整度随滑切角的变大呈下降趋势，在 0 水平附近趋于稳定状态，随刀轴转速的提高而增大，呈正相关；当刀轴转速为 0 水平时，由图 3.32(d)和(e)可知，随刀刃入土深度呈先增后降趋势，在 0 水平

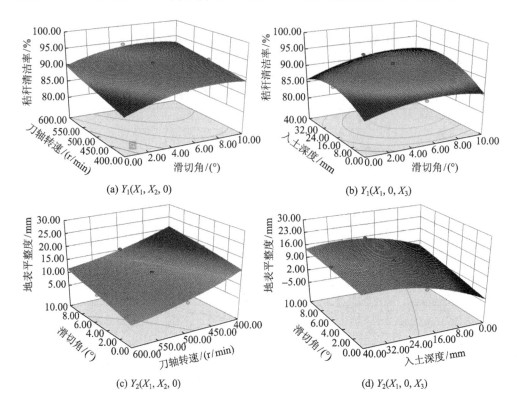

(a) $Y_1(X_1, X_2, 0)$

(b) $Y_1(X_1, 0, X_3)$

(c) $Y_2(X_1, X_2, 0)$

(d) $Y_2(X_1, 0, X_3)$

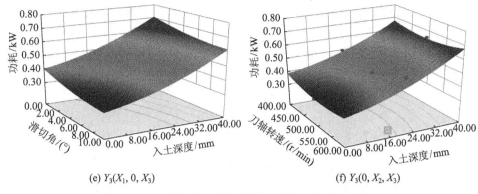

(e) $Y_3(X_1, 0, X_3)$　　　　　　　　　(f) $Y_3(0, X_2, X_3)$

图 3.32　秸秆移位防堵装置作业指标双因素响应面

附近取最大值,地表平整度与功耗均随滑切角的变大呈负相关;当旋切刀片滑切角为 5°,如图 3.32(f)可知随刀轴转速和入土深度的提高,功耗持续增大。

3.6.5　目标函数

土槽试验中对立式旋切刀参数优化的目的是获取最优组合参数,最大程度降低土壤扰动量,以低功耗实现机具通过性,提高待播区地表土壤平整度,保证播种深度稳定性。通过图 3.32 中响应面分析,利用 Design-Expert 8.0.6 软件中的优化模块对回归模型进行求解,结合实际约束条件及上述模型分析结果,以平整度数值最小、功耗最低、秸秆清洁率大于 90%以上为评价指标,建立数学模型:

$$\min Y_2(X_1, X_2, X_3), \min Y_3(X_1, X_2, X_3)$$

$$\text{s.t.} \begin{cases} Y_1 \geqslant 90\% \\ 0° \leqslant X_1 \leqslant 10° \\ 400\text{r/min} \leqslant X_2 \leqslant 600\text{r/min} \\ 0\text{mm} \leqslant X_3 \leqslant 40\text{mm} \end{cases} \quad (3.42)$$

求解的最优水平组合参数为:立式螺旋锯齿刀滑切角为 5.16°、刀轴转速为 564.02r/min、刀刃入土深度为 12.09mm 时,秸秆清洁率为 91.76%,地表平整度为 7.36mm,防堵装置功耗为 0.42kW。

3.6.6　田间试验验证

为了验证模型预测的准确性,采用上述最优组合参数组合进行条件于 2018 年 6 月 18 日在安徽省宿州市灰古镇(116°97′ E 、33°63′ N)安徽农学大学院北综合试验站进行田间验证试验,将优化后的防堵装置与玉米播种单元组配合,试验地块为机收后小麦原茬地,四行免耕播机作业时参照农业行业标准《免耕播种机质量评价技术规范》(NY/T 1768—2009)及《免耕施肥播种机》(GB/T 20865—2007)进行机具秸秆清洁率、功耗、播深稳定系数及苗期整齐度等指标测定[8]。其中指标测试条件均为：秸秆覆盖量为 1.24kg/m²，留茬高度为 40cm，土壤含水率为 14.6%（0～5cm），播种机前进速度为 6km/h；播种后，随机取测试区长度 60m，连续测定 5 次值取平均，如图 3.33 所示。

(a) 功耗试验　　　　　　　　　　　　　(b) 15d 苗期长势

图 3.33　田间试验

待播区地表平整度直接影响玉米播深稳定性系数和苗期整齐度。鉴于田间播种时无法对条带清秸区地表平整度进行测量，通过对优化后播种机田间播种性能指标及苗期农艺效果指标来验证地表平整度。

（1）播深稳定性系数。

利用激光测距仪沿水平基准面由左向右测量种床地表垂直距离，以土壤垄形、沟形坐标拟合出沟宽、沟深等沟型尺寸，播深稳定性系数计算公式为

$$\delta = \left(1 - \frac{S_1}{\overline{g}}\right) \times 100\% \qquad (3.43)$$

式中，S_1 为种沟标准差，单位为 mm；$\overline{g}$ 为种深平均值，单位为 mm。

（2）苗期整齐度。

随机选定 20 株测量玉米植株高度并记录，则苗期整齐度 Q 计算公式为

$$S_d = \sqrt{\frac{\sum_{i=1}^{n}\left(d_i - \overline{d}\right)}{n-1}}$$
$$Q = \left(1 - \frac{S_d}{\overline{d}}\right) \times 100\% \qquad (3.44)$$

式中，d_i 为苗期玉米株高，单位为 mm；$\overline{d}$ 为玉米株高平均值，单位为 mm；S_d 为玉米株高标准差，单位为 mm；n 为测量玉米植株的数目。

秸秆清洁率、防堵装置作业功耗、播深稳定系数及苗期整齐度试验结果如表 3.7

所示。

表 3.7　田间性能试验结果

序号	秸秆清洁率/%	播深稳定性系数/%	苗期整齐度/%	功耗/kW
1	94.35	94.32	92.59	2.13
2	94.68	93.02	95.02	2.05
3	93.87	93.73	94.12	1.98
4	92.43	94.63	95.30	2.09
5	94.03	93.25	94.37	1.86
均值	93.87	93.79	94.28	2.02

由表 3.7 可知，田间播种机秸秆清洁率为 93.87%，与软件预测值相比，秸秆清洁率相对误差为 2.2%。免耕播种机防堵装置作业功耗为 2.02kW，其中每行防堵单体平均功耗为 0.50kW，模型预测值与试验值功耗相差 0.08kW。分析其原因主要是整机传动系统动力传递等因素造成的功耗损失，同时作业播深稳定系数均值为 93.79%，播后 15d 苗期整齐度均值为 94.28%，验证了优化后作业参数有效提高了种带地表平整度。以上表明优化模型的可靠性。

3.7　本 章 小 结

本章通过分析秸秆还田下如何提高种床环境和夏玉米的种植农艺要求，提出"带状清秸匀播"思路，基于秸秆覆盖立式清秸防堵、带状覆秸保墒的设计方案，对防堵机构结构和工作参数展开优化。

（1）基于第 2 章滑切式开沟器作业秸秆壅堵模型，构建主动式防堵机构驱动轴系，假设秸秆层在耕作部件的作用下视为均匀流，确保立轴式防堵装置秸秆移位的功能实现，在参数设计上要考虑圆柱体有环量绕流的分流条件和余摆线运动的必要条件的要求，以回转半径 R 的防堵装置在秸秆层中以等角速度绕轴线旋转，当 $|\Gamma| \leqslant 4\pi Ua$ 时，流体会发生分流现象。

（2）设计一种基于激光三角法的耕作土壤微地貌测量系统，该系统通过便携式硬件结构和交互式软件界面快速、准确扫描耕作土壤微地貌。主动式秸秆移位防堵装置可在"坑洼"不平的地表浅耕作业形成一个平整的"U"盆沟，随着运动速比 λ 增加，地表平整效果变好，为后续种-肥开沟深度稳定性及苗期整齐度、均匀度提供良好的环境。

（3）秸秆移位防堵装置最佳工作参数组合为：仿生螺旋锯齿刀滑切角为 5.16°、刀轴驱动转速为 564.02r/min、刀刃入土深度为 12.09mm 时，验证试验结果表明，播种机无壅堵现象，秸秆清洁率 93.87%，防堵单体功耗 0.50kW；与软件预测值相比，秸秆清洁率相对误差为 2.2%，防堵单体功耗相差 0.08kW，作业播深稳定系数均值为 93.79%，播后 15d 苗期整齐度均值为 94.28%。

参 考 文 献

[1] Chen L Q, Wang Y M, Chen Y, et al. Design and experiment on the no-till hill-drop corn seeder combined with fertilization attachments[J]. International Agricultural Engineering Journal, 2012, 21(4): 33-40.

[2] 刘立超, 张青松, 肖文立, 等. 油菜机械直播作业厢面地表粗糙度测量与分析[J]. 农业工程学报, 2019, 35(12): 38-47.

[3] Zhu C X, Huang X, Wang W W, et al. Influence of different tillage methods on growth characteristics and yield of Anhui summer maize after total straw returning[J]. International Agricultural Engineering Journal, 2017, 26(3): 98-104.

[4] Huang X, Yang W C, Wang W W, et al. Design and experiment of straw shifting anti-blocking maize seed drill[J]. International Agricultural Engineering Journal, 2018, 27(3): 166-175.

[5] 刘俊孝, 王浩, 王庆杰, 等. 玉米少免耕播种机种带灭茬清理装置设计与试验[J]. 农业机械学报, 2018, 49(S1): 132-140.

[6] 王韦韦, 朱存玺, 陈黎卿, 等. 玉米免耕播种机主动式秸秆移位防堵装置的设计与试验[J]. 农业工程学报, 2017, 33(24): 10-17.

[7] 方会敏, 姬长英, 张庆怡, 等. 基于离散元法的旋耕刀受力分析[J]. 农业工程学报, 2016, 32(21): 54-59.

[8] 杨丽, 张瑞, 刘全威, 等. 防堵和播深控制机构提高玉米免耕精量播种性能(英文)[J]. 农业工程学报, 2016, 32(17): 18-23.

第 4 章　玉米电控播种技术

作为农业生产不可或缺的关键环节，播种作业质量和作业效率直接影响整个农业生产。由于田间作业环境恶劣，传统播种方法越来越难满足实际作业需求。而随着"互联网+农业"模式的出现，越来越多的现代科学技术被应用于农业系统中，如精准检测、智能控制、科学管理等，不断地提高了我国农业生产智能化水平。其中，实时检测和电控播种技术的应用，不仅解决了传统播种存在的一些问题，也促进了我国播种智能化作业水平的发展。

本章以玉米为作业对象，首先介绍了勺轮式排种器和指夹式排种器的性能分析，再以勺轮式排种器为对象，介绍电控排种器的设计过程；其次，介绍了电控播种技术中常用共性技术的研究；最后，根据前述研究方法试制玉米电控播种机，并通过试验对其控制系统的可行性、准确性及作业性能进行验证。

4.1　排种器作业性能分析

作为播种机的核心工作部件，排种器的作业性能直接影响了播种质量。根据作业原理和结构型式，可将排种器分为气力式与机械式两大类。由于气力式排种器结构复杂，制造成本高，在我国玉米种子领域尚未得到广泛使用；而机械式排种器结构简单，加工难度低，性价比较高，是我国玉米播种目前常采用的排种设备。其中，以勺轮式和指夹式应用最为广泛。因此，本节主要介绍这两种排种器的作业性能分析。

第 2 章采用的离散元法已广泛应用于排种器的性能分析方面，本节对勺轮式排种器和指夹式排种器的作业性能分析也是采用这种方法。

4.1.1　勺轮式排种器

（1）玉米种子模型的建立。

虽然玉米种子没有统一规则的外形，但是根据其外形特征可以分为类圆形和长扁形。现以中单 909 马齿形玉米种子为对象进行建模。随机选取 1000 粒玉米种子 3 组，分别测量其千粒重。再从每组中随机选取 100 粒玉米种子，分别测量其外形尺寸长 L(mm)、宽 W(mm)、厚 T(mm)，统计结果如表 4.1 所示。根据统计结果在三维建模软件中建立玉米种子三维模型，转化为.igs 格式文件并导入 EDEM 软件中。通过多球面组合填充方式，采用 19 个不同直径大小的球体进行填充，得到如图 4.1

所示的玉米种子模型[1]。

表 4.1　中单 909 玉米种子千粒重以及外形尺寸统计

序号	千粒重/g	平均长度/mm	平均宽度/mm	平均厚度/mm
第一组	387.2	11.74	9.43	5.05
第二组	397.6	11.89	9.45	5.22
第三组	389.7	11.73	9.17	5.09
平均	391.5	11.79	9.35	5.12

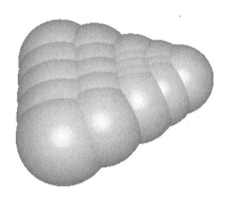

图 4.1　玉米种子离散化模型

（2）机械部件几何模型建立。

在三维建模软件中建立玉米勺轮式排种器三维模型，转化成.igs 格式文件后导入离散元仿真软件 EDEM 中。在排种器与种箱的结合处创建虚拟种子工厂，以此模拟实际作业中种子的填充过程。最终建立的玉米勺轮式排种器离散元作业模型如图 4.2 所示。

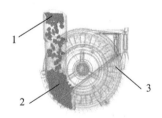

图 4.2　几何体仿真模型
1. 种子工厂；2. 玉米种群；3. 排种器

（3）仿真参数的设定。

几何模型与玉米种子材料参数和接触参数分别见表 4.2 和表 4.3。为模拟实际作业过程，先对排种器进行充种，充种时间设定为 3.0s，速率为 350 粒/s；充种时排种盘处于静止状态，充种结束后，排种盘进行旋转运动，排种作业开始。设置排种盘转速为减速机输出转速，排种盘运转时间为 57.0s，运转时种子生成速率为 9 粒/s。

表 4.2　仿真模型材料参数

材料	泊松比	剪切模量/MPa	密度/(kg/m³)
玉米	0.379	2.08×10^8	1.227
铝合金	0.24	2.7×10^{10}	2.7
有机玻璃	0.425	1.77×10^8	1.19
钢	0.28	3.5×10^{10}	7.85
种刷	0.40	1.0×10^8	1.15

表 4.3　仿真模型材料接触参数

接触形式	恢复系数	静摩擦系数	动摩擦系数
玉米-玉米	0.58	0.50	0.01
玉米-铝合金	0.73	0.34	0.05
玉米-有机玻璃	0.45	0.38	0.09
玉米-钢	0.62	0.37	0.01
玉米-种刷	0.45	0.50	0.01

（4）排种过程分析。

单粒排种仿真过程如图 4.3 所示（取某次单粒排种为例）。5.19s 时，种勺携带种子离开充种区进入清种区。5.53s 时，在清种区，因自重、离心力等原因，多余种子下滑回充种区的种群内等待下一次充种。5.97s 时，留下的一粒种子进入递种区，由隔板的开口处掉入配置在它后面的导种轮槽内。导种轮携带种子继续旋转，经过导种区后，在 7.97s 时通过投种口落入种床，完成充种、清种、递种、导种、投种五个过程的单粒精量排种。

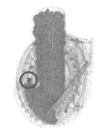   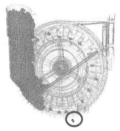

(a) 5.19s　　　　　(b) 5.53s　　　　　(c) 5.97s　　　　　(d) 7.97s

图 4.3　勺轮式排种器单粒排种仿真过程

圆圈内为种子在各个时刻的位置状况；颗粒表示种群

　　除单粒排种外，排种器在排种过程中还存在两种排种情况：重播和漏播。在清种区内，如果多余的种子未因重力、离心力等因素及时落回种群，就会出现重播现象，如图 4.4(a)所示。还存在一种原因是种子尺寸过小，种勺内同时容纳多粒种子导致重播。漏播也存在两种情况，第 1 种如图 4.4(b)所示，种勺在经过充种区时未填充任何种子从而导致漏播。第 2 种情况是种勺内填充的种子在进入投种区之前由于自身重力或是离心力等因素落回种群，导致漏播，如图 4.4(c)所示。

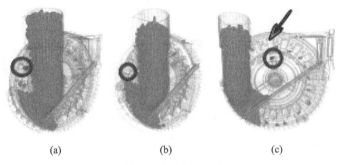

(a)　　　　　　　　　(b)　　　　　　　　　(c)

图 4.4　漏播和重播
(a) 图中圆圈内表示未被清除种子；(b) 图中圆圈内表示未充种种勺；(c) 图中圆圈内表示下落的种子，箭头
表示漏播的种勺

　　（5）排种性能分析。

　　以排种盘转速和递种起始角为影响排种性能指标因素，设置 7 个排种盘转速，5 个递种起始角，评价指标为合格指数、重播指数和漏播指数，仿真试验结果如图 4.5 所示。

　　仿真结果表明，当递种起始角为 2°、11°或 20°，排种盘转速为 34.02r/min 时，排种效果较优，合格指数可达 88.68%；当递种起始角为 29°或 38°，排种盘转速为 26.46r/min 时，排种效果较优，合格指数可达 88.04%；当排种盘转速超过 38.00r/min 时，排种效果逐渐变差（递种起始角为 20°时排种盘转速为 45.36r/min），该结果主要是由漏播导致。

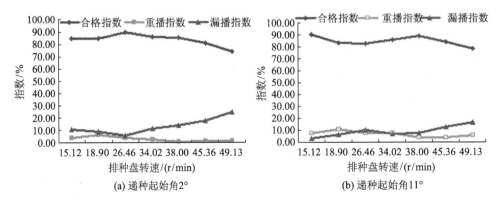

(a) 递种起始角2°　　　　　　　　　　　(b) 递种起始角11°

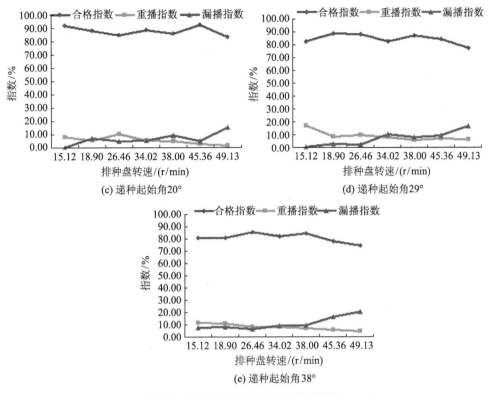

图 4.5   不同递种起始角下的仿真结果

4.1.2   指夹式排种器

由于该排种器内和玉米接触部件的材料与勺轮式排种器相同,因此,离散元仿真参数的设定和勺轮式排种器相同,如表 4.1~表 4.3 所示。最终建立的指夹式排种器作业离散元模型如图 4.6 所示[2]。

图 4.6   指夹式排种器作业离散元模型

（1）单粒排种过程分析。

单粒排种仿真过程如图 4.7 所示。3.52s 时，指夹夹住玉米种子由充种区进入清种区，即充种；4.48s 时，因重力、离心力、种刷等多种原因，多余的种子由清种区掉落回充种区，即清种；随后，种子随指夹继续运动至投种口位置，即运种；4.63s时，指夹打开，种子由投种口投出，即投种；4.74s 时，种子落入种床，完成玉米排种的充种、清种、运种和投种整个作业过程。

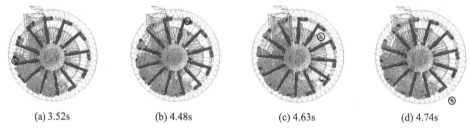

(a) 3.52s　　　　　　(b) 4.48s　　　　　　(c) 4.63s　　　　　　(d) 4.74s

图 4.7　指夹式排种器单粒排种仿真过程（见彩图）

（2）排种性能分析。

仿真试验因素如表 4.4 所示，由于同一株距下，不同播种速度对应的排种盘转速不同，因此图 4.8(a)～(h)中的横坐标最小值与最大值各不相同。评价指标为合格指数、重播指数和漏播指数，仿真结果如图 4.8 所示。仿真结果表明，排种器的合格指数与排种盘转速成反比；当播种株距大于 190mm 时，合格指数均大于 80%。

表 4.4　试验因素

因素	数值						
播种速度/(km/h)	6	7	8	9	10		11
株距/mm	130	160	190	220	250	280	300	330

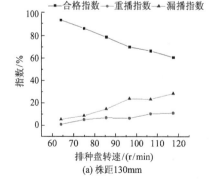

(a) 株距130mm

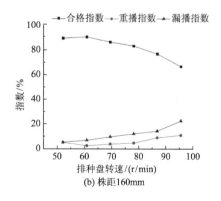

(b) 株距160mm

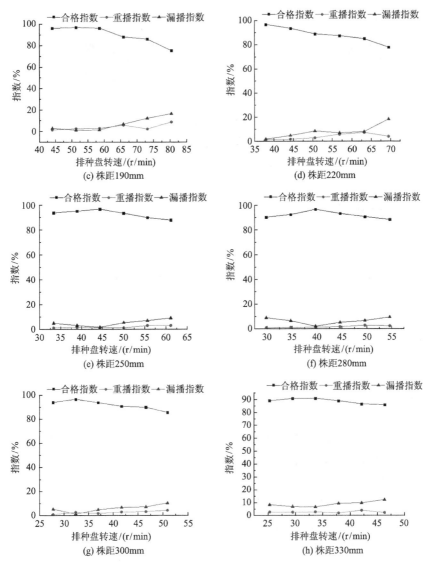

图 4.8　排种性能仿真结果

4.1.3　电控排种器

作为电控播种机的核心部件，电控排种器作业性能直接影响播种质量。以电控勺轮式排种器为例，其主要由排种器、减速器、控制盒、触摸显示器、旋转编码器、驱动器和无刷直流电机等组成，如图 4.9 所示[3]。为便于电机驱动排种器，需对排种器转轴进行改进设计。由于电机输出转速与排种器作业转速相差较大，因此，添加了适当速比减速器对电机输出转速进行减速处理。

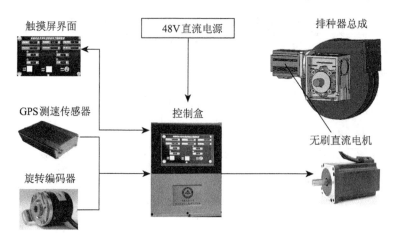

图 4.9　电控排种器组成（见彩图）

由上述分析可知，电控排种器主要由硬件和软件两部分组成。下面分别介绍这两部分的设计过程。

1. 硬件设计

1）处理器的选型

作为控制系统的核心部件，处理器需要对作业时传递的各种信号进行实时判断、处理，以此控制电机的运转，所以对反应速度、抗干扰性和稳定性具有较高要求。STM32F103ZET6 处理器采用 Cortex-M3 内核，不仅支持 Thumb-2 指令集，且拥有更强劲的性能、更高的代码密度、位带操作、可嵌套中断、低成本和低功耗等优势。其引脚如图 4.10 所示。

本系统设计应用到的引脚和具体用途介绍如下。

（1）VDDA 端：接 3.3V 电源。

（2）VSSA 端：接地 GND。

（3）NRST 端：复位功能，低电平有效，当该引脚接收到超过一定时钟周期的低电平时，系统复位。

（4）PA2、PA3 端：与串口触摸屏的 TX、RX 连接，与触摸屏进行数据通信。

（5）PA9、PA10：程序由外部设备烧录入单片机接口。

（6）PB5：输入驱动器的模拟调速电压。

（7）PB6、PB7：接旋转编码器输出信号。

（8）PF1：输入雷达测速仪测量的拖拉机行驶速度信号。

（9）PC4 端：GPS 传感器信号输入端口，对模拟电压进行测量，计算机具作业速度。

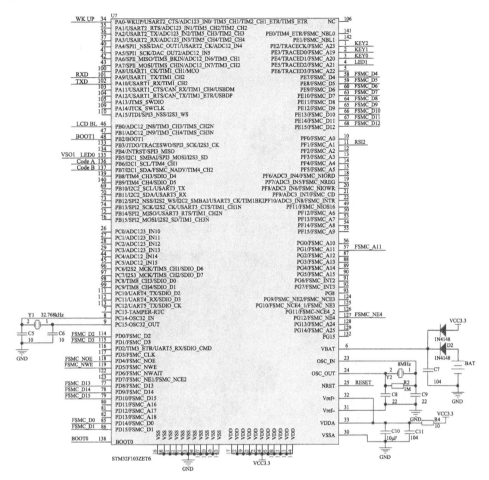

图 4.10　STM32F103ZET6 单片机引脚图

2）USB 串口电路

本章设计系统选用型号为 ST-LINK/V2 的在线调试器，其实物图和 USB 接口电路图如图 4.11 所示，其中 CH340 D–和 CH340 D+是处理器信号输入端口。

3）速度传感器的选型与电路设计

排种器转速信号作为闭环系统的反馈信号，对排种器转速的精确控制具有至关重要的作用。因此，对应的测速传感器应具备瞬时响应快、精度高、易测量、抗干扰和分辨率高等特点。

本章设计电控排种器时选用规格型号为 HZJZH8-10QT852A 的旋转编码器，其安装方式如图 4.12 所示[4]。

该编码器与单片机端口连接方式如图 4.13 所示，信号在编码器的 A、B 端与单片机的 PA6、PA7 端之间进行传输。其中，编码器每旋转一周输出一个脉冲，单片机定时器 2 进行定时，依据脉冲个数和定时时间测得电机实时转速。

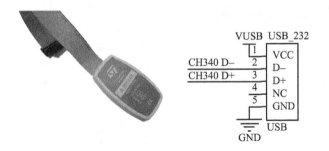

(a) 在线调试器　　　　　　　(b) USB 接口电路图

图 4.11　在线调试器和 USB 接口电路图

图 4.12　旋转编码器安装方式

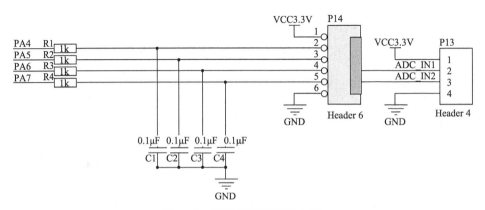

图 4.13　旋转编码器接口电路

4）驱动电机的选择

（1）电机类型的选取。

作为执行机构动力源，电机的选型是关键，其工作性能直接影响系统的作业稳定性和可靠性。考虑到播种机在田间作业，交流电取用不便，因此，选用直流电机作为驱动电机。

因为要求排种器转速、拖拉机行驶速度和株距实时满足所需的匹配关系，所以需要较高的响应速度。同时，精密播种需要较高的控制精度，且需控制方便。播种田间作业工况复杂，作业时间长，电机需要较长的使用寿命，可靠性要高。通过对直流电机中的步进电机、有刷直流电机和无刷直流电机的优缺点进行对比，选用无刷直流电机作为排种器转轴运转的驱动电机。

（2）电机参数的设计。

以 18 勺玉米勺轮式排种器为例，每相邻 2 个种子落地时间差为

$$\Delta t = \frac{60}{n_3} \times \frac{1}{18} \qquad (4.1)$$

式中，Δt 为相邻种子落地时间差，单位为 s；n_3 为排种器轴转速，单位为 r/min。

则株距为

$$Z = v_1 \times \Delta t$$
$$= \frac{925.93}{n_3} \times v_1 \qquad (4.2)$$

式中，Z 为株距，单位为 mm；v_1 为拖拉机行驶速度，单位为 km/h。

作业时，排种器轴转速随拖拉机行驶速度的快慢而变化。根据机械行业标准《谷物播种机技术条件　第 1 部分：技术条件》（JB/T 6274.1—2013）的要求，排种器轴转矩不大于 10N·m。

$$P = \frac{T_1 \times n_0}{9550} \qquad (4.3)$$

式中，P 为电机功率，单位为 kW；T_1 为排种器轴转矩，单位为 N·m；n_0 为电机转速，单位为 r/min。

将各参数代入式（4.3）中可得 $P = 514.4\text{W}$，即排种器正常作业时应满足 $P \geqslant 514.1\text{W}$。因此，本章设计执行机构驱动电机选用型号为 80BL145S55-445TKO 的无刷直流电机，其工作参数如表 4.5 所示。与之配套使用的减速器型号为 NMRV050，减速比为 50。

表 4.5　无刷直流电机工作参数

型号	额定电压/V	额定功率/W	额定转速/(r/min)	额定转矩/(N·m)	额定电流/A	空载电流/A	空载转速/(r/min)
80BL145S55-445TKO	48	550	4500	1.6	15	1.5	6000

5）调速机理与电机驱动器的选型

正常播种作业时，排种器轴转速应随拖拉机行驶速度的快慢而变化。在株距保持不变的情况下，拖拉机行驶速度越快，排种器轴转速越高；反之，排种器轴转速越低。因此，控制系统应满足要求：无刷直流电机输出转速随拖拉机行驶速度的快慢而变化。

目前无刷直流电机使用的调速方式主要有调磁调速和调压调速两种，结合播种作业环境和系统设计方便，本章设计系统选用调压调速方式对无刷直流电机进行调速，其具体调速方法如下。

无刷直流电机转速和转矩计算公式分别为

$$n_1 = 2N l r_1 B_2 \omega_2 \tag{4.4}$$

$$T = \frac{1}{2} i_1{}^2 \frac{\mathrm{d}L}{\mathrm{d}\theta'} - \frac{1}{2} B_2{}^2 \frac{\mathrm{d}r_1}{\mathrm{d}\theta'} + \frac{4N}{\pi} B_2 r_1 l \omega_2 \tag{4.5}$$

式中，l 为转子长度；B_2 为转子磁通密度；r_1 为转子内径；i_1 为相电流；N 为电机定子每相线圈数；θ' 为转子位置；ω_2 为电机角速度。

由式（4.4）和式（4.5）可知，电机转速与相电流、反电动势和转矩成比例关系。对于呈星形连接的三相无刷直流电机，任一时刻只有两相定子绕组通电。设其平均电压为 V_d，则电压平衡方程为

$$V_d = 2E_m + I_m R = 2K_e \Phi_m n_1 + I_m R_0 \tag{4.6}$$

解得电机转速为

$$n_1 = \frac{V_d - I_m R_0}{2K_e \Phi_m} \tag{4.7}$$

式中，n_1 为电机转速；K_e 为磁通系数；Φ_m 为磁通量；E_m 为电机各相反电动势；R_0 为等效回路电阻；I_m 为电机相电流。

由式（4.7）可知，改变 V_d 即可改变无刷直流电机转速。

PWM 调节是根据能量冲量等效原理，将固定不变的系统电压分成占空比可变的 PWM 波，通过改变占空比来改变电机电枢两端的平均电压，从而达到调节电压的目的。该方法调速性能好、控制方便、体积小、成本低，且易和控制器形成闭环控制系统，控制方法灵活多变。因此，本章设计系统选用 PWM 调节方式对电压进行调节，从而达到电机调速目的。

播种作业时，占空比大小依据拖拉机行驶速度和排种器轴转速对应关系来进行自动调整：拖拉机行驶速度越快，排种器轴转速越高，占空比随之增大；反之则占空比减小，以此来满足精密播种的要求。结合无刷直流电机作业原理，选用型号为 ZM-6615 的直流无刷驱动器，其基本工作参数如表 4.6 所示。

表 4.6　直流无刷驱动器基本工作参数表

项目		额定值	最大值	单位
环境温度		—	60	℃
输入电压（DC）		—	60	V
输出电流		—	15	A
适用电机转速		—	20000	r/min
霍尔信号电压		5	5.5	V
霍尔驱动电流		10	—	mA
外接调速电位器		10k	—	Ω
模拟调速电压(V_e)		—	5	V
PWM 调速信号电压		—	5.5	V
PWM 调速信号占空比		—	100	%
控制接口	H（高电平）	5	24	V
电压	L（低电平）	0	0.5	V

6）排种驱动电路

由表 4.6 驱动器的工作参数可知，驱动器外接调速电压信号为 5V，而处理器的输出电压信号为 3.3V，所以需要一个信号调理电路将 3.3V 转换成 5V，其电路如图 4.14 所示。其中 Signal in2 接处理器转速信号输出端口，Signal out2 接驱动器模拟调速电压输入端口。

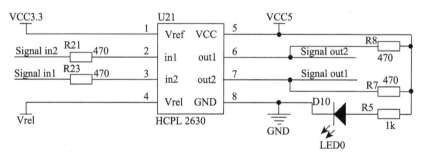

图 4.14　信号调理电路

单片机控制无刷直流电机驱动电路如图 4.15 所示，其中 Signal out2 接模拟调速电压信号，用来控制电机转速。

7）人机交互模块

人机交互模块主要包含两个功能：株距的设置和作业状态参数的实时显示。其中，株距的设置主要依靠控制面板上的 3 个按键来实现：按键 1 用来增加株距值，每按一次立即松开可增加 1mm，长按 1s 可增加 10mm；按键 2 用来减小株距值，按键操作方法和按键 1 类似；按键 0 的作用是在每次断电后，恢复断电之前的株距值。为了达到断电株距信息不丢失的目的，系统采用 24C02 存储芯片来储存株距信息。该芯片软件保护灵活，可随时将控制过程中处理的数据存入 24C02，达到掉电保存目的。各按键的原理电路如图 4.16 所示。

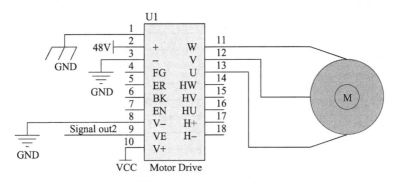

图 4.15　电机驱动电路

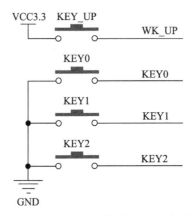

图 4.16　株距设置按键原理电路图

　　显示器采用 USART HMI（Human Machine Interface）四线制触控串口屏，该屏是支持按钮控件、进度条控件、文本控件和指针控件等多种组态软件的 800×480 分辨率触控屏，支持基本的图形用户界面（Graphical User Interface，GUI）指令，可通过串口与设备交互指令，并具有触摸控制输入功能。其与单片机接口电路如图 4.17 所示。

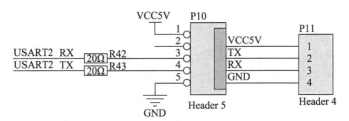

图 4.17　串口屏与单片机接口电路

2. 软件设计

1）程序编写语言和系统开发环境

目前,单片机最常用的程序编写语言有 C 语言、汇编语言、PL/M 语言和 BASIC 语言等,其中 C 语言较容易上手,也应用的最为广泛,是本章设计系统程序编写选择的语言。而系统开发环境则选用 Keil uVision5,其提供了包括 C 编译器、链接器、宏汇编、库管理和功能强大的仿真调试器等在内的完整开发方案,并通过集成开发环境（uVision）将这些部分组合在一起。

2）控制系统主程序设计

主程序的任务是完成单片机和各个芯片的系统初始化,并依据播种机具实时作业情况协调各子程序模块的正常运行,从而确保整个程序的有序执行,是整个程序的核心部分。本章设计的播种控制系统主程序控制流程图（以 GPS 测速为例）如图 4.18 所示。

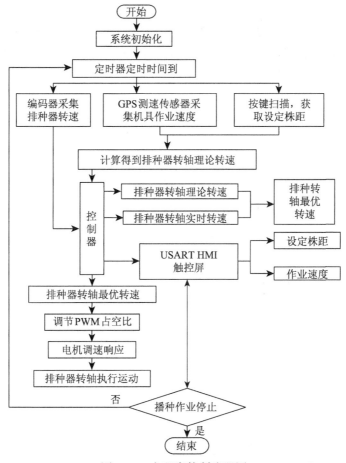

图 4.18 主程序控制流程图

该主程序主要用于完成以下工作。

（1）对单片机 STM32F103ZET6 和各个控制芯片进行系统初始化，为播种控制系统做好准备工作。

（2）收集雷达测速仪/GPS 测速传感器和旋转编码器采集到的数据，通过调用信号采集、信号处理和运算子程序，判断并计算出驱动电机输出转速。

（3）调用显示屏显示子程序，设置株距值，并实时显示播种作业参数：拖拉机行驶速度、株距、排种器转轴理论转速、排种器轴实际转速、PWM 值等。

3）系统初始化

系统初始化定义了系统时钟、串口初始化值、与 LED 连接的硬件接口、与按键的硬件接口、PWM 值和各程序使用到的变量值等。

4）电机驱动排种子程序

本小节在介绍硬件设计时已经分析得出株距、拖拉机行驶速度和排种器轴转速之间的相互关系如式（4.2）所示。

以旋转编码器测得的排种器轴转速为反馈信号，应用 PWM 调速方式来控制电机转速。因此，每次需要将排种器理论转速与测得的实际转速进行对比，从而调节PWM 值以控制电机输出转速。其控制流程图如图 4.19 所示。

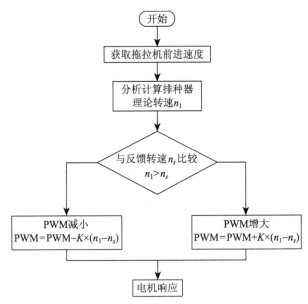

图 4.19 电机控制程序流程图

K 为程序设定调节值；n_1 为排种器理论转速；n_s 为排种器实际转速

5）株距调节和作业参数显示

株距调节功能由人机交互界面上的按键实现，显示参数主要包括拖拉机行驶速度、排种器轴理论转速、排种器轴实际转速、播种面积和设定株距值等，其程序流程图如图 4.20 所示。

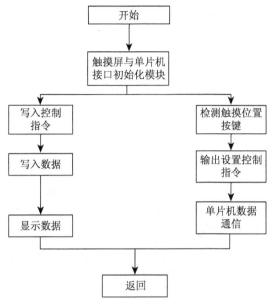

图 4.20　显示子程序流程图

4.1.4　电控排种器台架试验

1）试验目的

基于《单粒（精密）播种机试验方法》（GB/T 6973—2005）标准，以排种转速变异系数、株距合格指数、漏播指数和重播指数为评价指标，对上述电控排种器进行台架试验，从而验证排种器转速精度、排种株距精度和排种性能的可靠性与准确性。

2）试验设备与材料

试验所需的设备与材料为：①电控勺轮式排种器一个；②旋转编码器一个；③安装有测控系统的笔记本电脑一台；④JPS-12 计算机视觉排种器试验台；⑤速度传感器一个；⑥玉米种子若干。试验台架如图 4.21 所示。

其中，测控系统主要由 NI 测试机箱和 LabVIEW 数据采集系统两部分组成，如图 4.22 所示。测控系统通过速度传感器和编码器分别采集排种器轴转速与电机转速，同时将种床带转速转换为机具行驶速度，以便于监测。NI 嵌入式数据采集系统是基于 LabVIEW 软件开发，具有数据采集、存储和分析等功能，其测试系统软件界面如图 4.23 所示[5]。

3）试验设计与方法

试验因素及说明同表 4.4，每种试验方法分别如下所述。

（1）排种器转速精度试验。

通过 LabVIEW-NI 数据采集系统测试排种器轴输出转速 n_Z，采集时间间隔为 1min，重复 6 次，定义 $n_{Z1} \sim n_{Z6}$ 为 6 次重复采集试验的平均转速，计算排种器转速变异系数。

（2）排种株距精度试验。

采用 JPS-12 计算机视觉排种器试验台单次连续采集不同工况下 250 粒种子株距值，重复 3 次，计算出不同工况下的平均株距及变异系数。定义 Z_s 为设定播种株距，单位为 mm；Z_{sm} 为 3 次试验的平均排种株距，单位为 mm；δ_Z 为 3 次试验的株距变异系数。

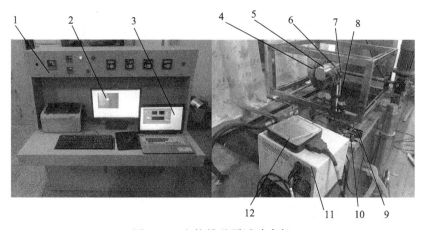

图 4.21　电控排种器试验台架

1. JPS-12 计算机视觉排种器试验台；2. 种子；3. 虚拟测试界面；4. 排种器；5. 电机；6. 减速器；7. 旋转编码器；8. 速度传感器；9. 驱动器；10. 控制器；11. NI 测试机箱；12. 数据采集卡

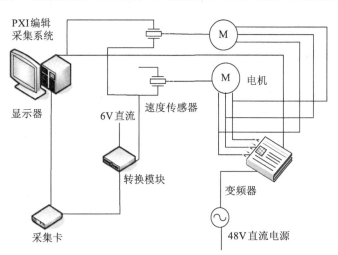

图 4.22　电控排种器台架试验测控系统

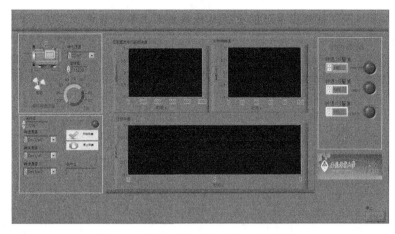

图 4.23　测试系统软件界面（见彩图）

（3）排种性能试验。

为研究机具作业速度（排种器转速）与设定播种株距对排种器性能的影响，采用 JPS-12 计算机视觉排种器试验台单次连续采集不同工况下 250 粒种子，重复 3 次试验，测得株距合格指数 S_2（单位为%）、漏播指数 M（单位为%）和重播指数 R_2（单位为%）。定义 S_m 为 3 次重复试验平均株距合格指数，M_m 为平均漏播指数；R_m 为平均重播指数。

4）试验结果与分析

（1）排种器转速精度试验。

试验结果如表 4.7 所示。由表可知，当理论排种器轴转速 n_Z=6～54r/min 时，测得实际转速的变异系数均在 10%以下。其中，最大变异系数为 9.22%，最小变异系数为 3.23%，实际转速在理论转速附近波动范围较小，满足设计要求。

表 4.7　排种器转速精度试验结果

试验序号	理论转速/(r/min)	实际转速/(r/min)						变异系数/%
		n_{Z1}	n_{Z2}	n_{Z3}	n_{Z4}	n_{Z5}	n_{Z6}	
1	6	5.5	6.5	7.0	6.0	6.0	6.5	8.39
2	12	10.0	11.0	12.0	12.0	13.0	12.5	9.22
3	18	16.0	19.6	19.6	18.0	18.0	18.0	7.32
4	24	22.0	24.0	24.0	24.0	26.5	25.0	6.08
5	30	27.5	30.0	30.0	30.0	32.0	31.0	4.98
6	36	36.0	36.0	36.0	34.0	35.0	37.5	3.28
7	42	42.0	43.0	38.0	42.0	42.0	36.5	3.54
8	48	48.0	48.0	50.5	48.0	51.5	50.5	3.23
9	54	54.0	52.0	48.0	50.0	53.5	56.5	5.79

（2）排种株距精度试验。

试验结果如表 4.8 所示。由表可得，在设定的株距下进行排种，测得的株距变异系数最大值为 7.32%，最小值为 0.75%，满足株距允许波动范围 $0.5Z_s < Z_s < 1.5Z_s$ 的要求。因此，排种株距精度控制稳定。

表 4.8　排种株距精度试验结果

试验序号	设定播种株距/mm	允许范围/mm		实际播种株距/mm			平均值/mm
		Z_{min}	Z_{max}	Z_{s1}	Z_{s2}	Z_{s3}	Z_{sm}
1	130	65	195	137.1	151.7	151.7	146.8
2	160	80	240	147.7	149.0	146.8	147.8
3	190	95	285	197.2	178.5	191.7	189.1
4	220	110	330	184.9	179.9	186.3	183.7
5	250	125	330	222.2	222.5	216.1	220.3
6	280	140	420	244.1	242.9	237.3	241.4
7	300	150	450	290.0	334.0	324.5	316.2
8	330	165	495	323.8	326.6	320.8	323.7

（3）排种性能试验。

排种性能试验结果如表 4.9 所示。由表可知，当作业速度相同时（排种器轴转速相同），随着设定播种株距的增大，粒距合格指数总体呈增大趋势；当设定播种株距相同时，随着作业速度的增加，粒距合格指数有所降低。其中，在中低车速（3～5km/h）作业时，粒距合格指数均大于 90%；在中高车速（6～8km/h）作业时，粒距合格指数均在 90% 左右。因此，在满足排种效率并保证系统正常工作的前提下，适宜选用中高车速进行排种作业。

表 4.9　排种性能试验结果

机具作业速度/(km/h)	试验序号	设定播种株距/mm	合格指数/%	漏播指数/%	重播指数/%	机具作业速度/(km/h)	试验序号	设定播种株距/mm	合格指数/%	漏播指数/%	重播指数/%
3	1	130	95.55	4.32	0.13	4	1	130	90.46	9.32	0.22
	2	160	95.92	1.35	2.73		2	160	96.33	2.76	0.91
	3	190	94.77	2.36	2.87		3	190	92.98	4.25	2.77
	4	220	96.95	1.99	1.06		4	220	96.87	0.68	2.45
	5	250	97.06	0.67	2.27		5	250	98.41	1.05	0.54
	6	280	96.78	1.61	1.61		6	280	97.56	0.68	1.76
	7	300	95.13	3.67	1.20		7	300	98.37	0.27	1.36
	8	330	95.23	1.50	3.27		8	330	95.00	2.02	2.98

续表

机具作业速度/(km/h)	试验序号	设定播种株距/mm	合格指数/%	漏播指数/%	重播指数/%	机具作业速度/(km/h)	试验序号	设定播种株距/mm	合格指数/%	漏播指数/%	重播指数/%
5	1	130	94.93	3.63	1.44	7	1	130	88.36	7.71	3.93
	2	160	93.77	4.53	1.70		2	160	89.26	4.24	6.48
	3	190	90.71	5.32	3.97		3	190	88.43	1.86	9.67
	4	220	96.64	1.47	1.89		4	220	89.91	4.04	6.05
	5	250	98.16	1.58	0.26		5	250	93.65	2.56	3.81
	6	280	97.43	0.80	1.77		6	280	94.86	1.88	3.24
	7	300	96.06	1.50	2.44		7	300	92.11	3.85	4.04
	8	330	95.81	1.75	2.44		8	330	95.58	2.41	2.01
6	1	130	90.90	4.39	4.71	8	1	130	87.77	4.64	7.59
	2	160	90.30	6.05	3.63		2	160	89.35	6.40	4.25
	3	190	90.76	4.49	4.73		3	190	87.20	8.47	4.33
	4	220	95.11	1.62	2.83		4	220	89.73	4.74	5.53
	5	250	95.77	2.64	1.59		5	250	88.55	6.82	4.63
	6	280	97.46	1.20	1.34		6	280	93.98	3.07	2.95
	7	300	95.13	3.80	1.07		7	300	90.57	5.74	3.69
	8	330	95.93	1.49	2.58		8	330	93.81	2.97	3.22

4.2　电控播种技术

上节我们介绍了播种机的核心部件——排种器的性能分析，对于电控播种技术来说，要想达到播种参数和排种参数合理匹配的要求，还需研究电控播种设计中的共性技术，如信号采集、控制策略等。本节将依次介绍 4 种共性技术的研究与分析。

4.2.1　信号采集

播种机作业过程中，需要实时采集作业速度，并通过控制器使排种器转速、作业速度与株距满足农艺匹配要求；同时，根据反馈排种器实际转速信号形成闭环控制，提高控制精度。因此，数据采集模块要求能够准确获取拖拉机行驶速度信号和排种器转速信号。根据田间作业工况，目前选用雷达测速仪和 GPS 测速传感器较为普遍。因此，接下来分别以这两种传感器为对象进行作业速度的检测。

（1）雷达测速。

雷达测速的原理是多普勒效应，即移动物体对所接收的电磁波有频移效应。雷达测速仪就是对接收到的反射波频移量进行计算，从而得出被测物体的行驶速度。依据该原理，可将雷达测速仪安装于拖拉机车底适当位置，雷达对地面发射微波（与

地面成 θ_1 角度），通过对接收回波信号进行处理、分析和计算，最后得出拖拉机行驶速度。其作业原理如图 4.24 所示。

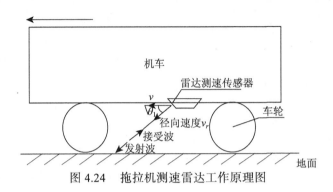

图 4.24　拖拉机测速雷达工作原理图

则拖拉机行驶速度计算公式为

$$v = \frac{\lambda_2 f_d}{2\cos\theta_1} \qquad (4.8)$$

式中，v 是被测拖拉机相对于地面的行驶速度；θ_1 为雷达测速仪视线与地面的夹角；λ_2 为雷达发射波的波长；f_d 为信号发射与接收频率差。其中，关于 f_d 需作如下说明：如果拖拉机停止运动，则 $f_d = 0$；当 $\theta_1 = 90°$ 时，雷达发射波与地面成直角，$f_d = 0$。安装过程应避免该现象的发生，本章设计系统时取该角 θ_1 为 30°。

下面以帝强电波Ⅲ型地面测速雷达为对象，分别介绍其安装方式和电路设计。该雷达技术参数如表 4.10 所示，安装方式如图 4.25 所示。

表 4.10　地面测速雷达技术参数表

参数	数值
速度范围	0.42～107.8km/h
输出频率	27.45Hz
精度/真实速度误差	(0.53～3.2km/h) ± 3% (3.2～70.8km/h) ± 1%
响应输出速度	≤200ms
开关延迟	≤300ms
输出级特征	瞬变模式/短路保护
微波频率	24.125GHz ± 50Hz
微波强度	5mW
连接器	Amp206429-1
整体尺寸	103mm×6mm×79mm
重量	0.5kg
安装高度	457～1219mm（相对目标平面）
安装角度	从水平下压角度 35° ± 5°（相对目标平面）

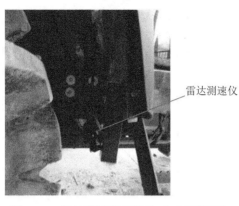

图 4.25　雷达测速仪安装方式（见彩图）

其信号采集电路如图 4.26 所示。由于雷达测速仪输出的是 12V 电压信号，而控制器的接收电压信号为 5V，因此，需要一个信号调理电路将 12V 转换成 5V，其电路如图 4.27 所示。其中，RSI1 接雷达测速仪信号输出端口，RSI2 接控制器信号输入端口[4]。

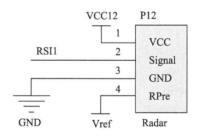

图 4.26　雷达测速仪信号采集电路

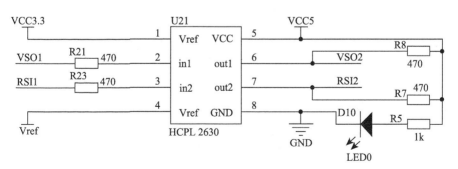

图 4.27　雷达测速仪信号转换电路

（2）GPS 测速。

以 KD-100 型号 GPS 测速传感器为研究对象，其主要技术参数如表 4.11 所示。

表 4.11　KD-100 GPS 测速传感器主要技术参数

技术参数	数值/特性
测速范围	0.2～360km/h
速度精度	0.03m/s
频率输出	100Hz 原始输出，500Hz 插值输出
电源电压	7～12V
功耗	2W
天线	5V 有源天线
速度脉冲输出频率范围	10～25Hz
脉冲当量	4mm/脉冲
距离测量精度	优于 0.1%
速度-频率变换精度	优于 0.03%
速度-频率变换分辨率	优于 0.00025Hz

该测速传感器利用多普勒频移原理进行速度测量，其计算公式为

$$f_d = f_i \frac{2v_g \cos\gamma}{c} = f_i \frac{2v_r}{c} \tag{4.9}$$

式中，f_i 为多普勒测速仪所发射的微波频率；v_g 是拖拉机在运动方向上的速度分量，称为地速（沿着地球表面的运动速度）；γ 为运动方向与回波方向之间的夹角；v_r 是拖拉机相对回波方向的径向速度；c 为电磁波传播速度。通过多普勒频移 f_d，便可得出拖拉机航行速度 v_g 或 v_r。

该测速传感器信号采集电路如图 4.28 所示。其中，传感器输出 0～5V 模拟电压信号。通过单片机 PA8 端口定时器通道功能，根据所测模拟电压计算拖拉机行驶速度，即播种作业速度。由电路原理图可知，采用 PC817 高速光耦芯片，对 GPS 输入信号产生光电隔离，从而避免外部信号干扰，起到保护作用。

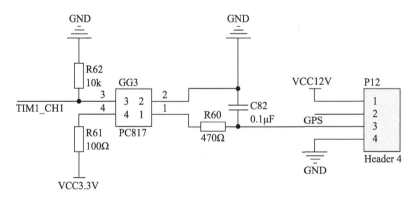

图 4.28　GPS 测速传感器信号采集电路

4.2.2　控制策略设计

由于拖拉机行驶速度的检测分为雷达测速和 GPS 测速两种，因此，下面分别从两种测速角度介绍控制策略设计方法。

1）基于雷达测速的控制策略

（1）基于 Ziegler-Nichols 阶跃响应法的 PID 参数整定。

电控播种控制系统的设计关键是实现对电机的控制，所以电机的传递函数也是系统的传递函数。通过 MATLAB 中的 Ziegler-Nichols 程序得到系统传递函数的根轨迹图形，如图 4.29 所示[3]。

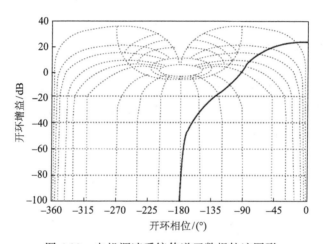

图 4.29　电机调速系统传递函数根轨迹图形

由图可得，开环增量 $Z_m = 21.057$，穿越频率 $W_m = 84.96$。根据 PID 整定公式可得

$$K_P = 0.6Z_m = 12.634$$

$$K_I = \frac{K_P W_m}{\pi} = 341.855$$

$$K_D = \frac{K_P \pi}{4W_m} = 0.117 \qquad （4.10）$$

将式（4.10）中的 3 个参数分别输入系统 PID 控制器的 Simulink 模型中，得仿真结果如图 4.30 所示。

由仿真结果可以看出，应用 Ziegler-Nichols 阶跃响应法整定的 PID 参数虽然能使控制系统趋于稳定，但超调量大，所以仍需对 PID 参数进行优化整定。遗传算法可以在初始条件选择不当的情况下，寻求合适的参数，而且避免了大量专家经验和知识库整理工作，因此，本章将应用遗传算法对已得的 PID 参数进行优化。

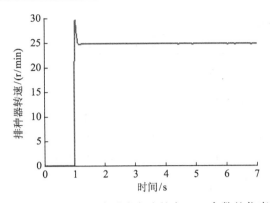

图 4.30　由 Ziegler-Nichols 阶跃响应法整定 PID 参数的仿真结果

（2）遗传算法的 PID 参数优化整定。

由 Ziegler-Nichols 阶跃响应法整定的 PID 参数确定遗传算法中 PID 参数 K_P、K_I、K_D 的取值范围分别为[0, 20]、[0, 350]、[0, 1]，采用二进制编码方式对 3 个参数进行编码。为避免超调，采用了惩罚功能，最优指标函数选为

$$J = \int_0^\infty \left(w_1 \left| e(t) \right| + w_2 u^2(t) + w_4 \left| e_y(t) \right| \right) \mathrm{d}t + w_3 t_u, \quad e_y(t) < 0 \qquad (4.11)$$

式中，w_1、w_2、w_3、w_4 为权值，且 $w_4 \gg w_1$；$e(t)$ 为系统误差；$u(t)$ 为控制器输出；$e_y(t)$ 为两次采样时间间隔系统的输出误差；t_u 为上升时间。

建立控制系统的 Simulink 模型如图 4.31 所示。本章设计中，遗传算法各参数

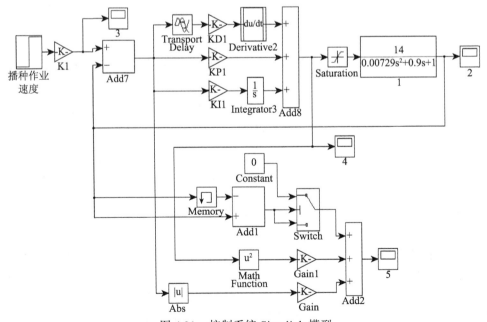

图 4.31　控制系统 Simulink 模型

取值如下：$w_1 = 0.999$，$w_2 = 0.001$，$w_3 = 1$，$w_4 = 100$，种群规模 $N_1 = 30$，交叉概率 $P_c = 0.9$，变异概率随机且小于 0.5。

　　经过 100 代进化后，代价函数 $1/J$ 的优化过程如图 4.32 所示。优化后可得各参数值如下：$1/J = 5.0462$，$K_P = 1.2894$，$K_I = 0.7692$，$K_D = 0.002$。将优化后的 PID 参数代入 Simulink 模型中进行仿真，得到由遗传算法整定的 PID 参数仿真曲线如图 4.33 所示。由仿真结果可得，将遗传算法整定的 PID 参数应用于电控播种系统控制，系统无超调，调节时间为 0.25s。

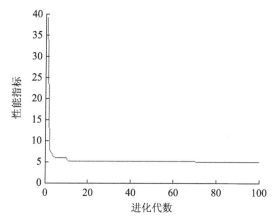

图 4.32　代价函数 $1/J$ 的优化过程

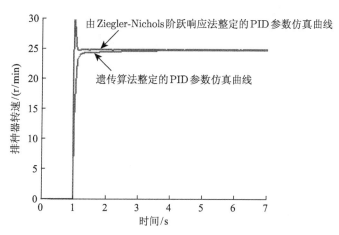

图 4.33　遗传算法整定的 PID 参数仿真结果

　　2）基于 GPS 测速的控制策略

　　自整定遗传 PID 控制策略流程如图 4.34 所示[4]。给定转速 n 与反馈转速 n_f 的差值 e 及差值的变化率 e_c 作为模糊控制器输入量，e 和 e_c 为精确量。将二者模糊化

后得到模糊量 E 和 E_c，由模糊控制规则进行推理和解模糊后可得修正参数 ΔK_p、ΔK_i、ΔK_d，分别如式（4.12）、式（4.13）和式（4.14）所示。三个修正参数根据电机运行状态进行实时自动最优调整，从而实现 PID 控制参数的自整定。

$$\Delta K_p = \frac{\sum_{j=1}^{5} u_j \left(\left| E \right|_{\text{fuzzy}}, \left| E_c \right|_{\text{fuzzy}} \right) \times K_{Pj}}{\sum_{j=1}^{5} u_j \left(\left| E \right|_{\text{fuzzy}}, \left| E_c \right|_{\text{fuzzy}} \right)} \tag{4.12}$$

$$\Delta K_d = \frac{\sum_{j=1}^{5} u_j \left(\left| E \right|_{\text{fuzzy}}, \left| E_c \right|_{\text{fuzzy}} \right) \times K_{Dj}}{\sum_{j=1}^{5} u_j \left(\left| E \right|_{\text{fuzzy}}, \left| E_c \right|_{\text{fuzzy}} \right)} \tag{4.13}$$

$$\Delta K_i = \frac{\sum_{j=1}^{5} u_j \left(\left| E \right|_{\text{fuzzy}}, \left| E_c \right|_{\text{fuzzy}} \right) \times K_{Ij}}{\sum_{j=1}^{5} u_j \left(\left| E \right|_{\text{fuzzy}}, \left| E_c \right|_{\text{fuzzy}} \right)} \tag{4.14}$$

式中，K_{Pj}、K_{Ij}、K_{Dj} 为 PID 解模糊系数；$\left| E \right|_{\text{fuzzy}}$、$\left| E_c \right|_{\text{fuzzy}}$ 为不同响应阶段 E 和 E_c 模糊量；u_j 为比例因子。

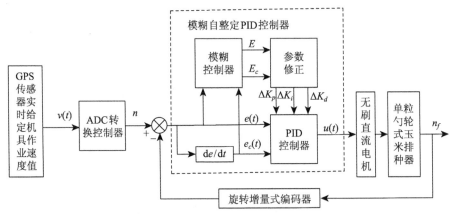

图 4.34　自整定遗传 PID 控制策略流程

利用自整定的 PID 参数 ΔK_p、ΔK_i、ΔK_d，确定输入 $e(t)$ 和输出 $u(t)$ 之间的关系：

$$u(t) = \Delta K_p e(t) + \Delta K_i \int_0^t e(t) \mathrm{d}t + \Delta K_d \frac{\mathrm{d}e(t)}{\mathrm{d}t} \tag{4.15}$$

控制系统输入变量 E 和 E_c，其模糊子集为{NB, NS, ZO, PS, PB}，输出变量 ΔK_p、ΔK_i、ΔK_d 的模糊子集{NB, NM, NS, Z, PS, ZO, PS, PM, PB}为通过量化因子将 E 和

E_c 离散后与模糊论域对应，可得 E 的量化因子：

$$\Delta K_E = \frac{n_E}{E} \tag{4.16}$$

$$\Delta K_{E_c} = \frac{n_{E_c}}{E_c} \tag{4.17}$$

设定各变量论域为[6, −6]，n_E、n_{E_c} 为模糊级数，取 $n_E = n_{E_c} = 6$，输入量化因子分别取：ΔK_E=7.8，ΔK_{E_c}=1.2。转速环模糊 PID 控制器根据不同的 E 和 E_c，确定相适应的 ΔK_p、ΔK_i、ΔK_d，通过自整定控制器参数达到最优转速控制效果。输入变量与输出变量的控制规则如下。

（1）当 E 较大时，取较大的 ΔK_p 和较小的 ΔK_d；为防止饱和，避免系统响应出现较大超调，应去掉积分作用，即 ΔK_i =0。

（2）当 E 和 E_c 为中等大小时，ΔK_p、ΔK_i、ΔK_d 都不能太大，应取较小的 ΔK_p 和 ΔK_i，ΔK_d 的大小要适中，以保证系统响应速度。

（3）当 E 较小时，为使系统具有良好的稳态性能，应增大 ΔK_i 和 ΔK_p 的值；同时，为避免系统在设定值附近振荡，并考虑系统的抗干扰性能，适当选取 ΔK_d 为中等大小。

综上所述，可得模糊控制规则表如表 4.12 所示。

表 4.12　模糊控制规则表

E	E_c														
	NB			NS			ZO			PS			PB		
	ΔK_p	ΔK_i	ΔK_d	ΔK_p	ΔK_i	ΔK_d	ΔK_p	ΔK_i	ΔK_d	ΔK_p	ΔK_i	ΔK_d	ΔK_p	ΔK_i	ΔK_d
NB	PB	PB	NB	PB	PS	NB	PB	PS	NS	ZO	NB	NS	ZO	NS	NB
NS	PB	PS	NB	PB	PS	NS	PS	ZO	ZO	NS	NS	NS	NS	NS	NB
ZO	PS	ZO	NS	PS	ZO	ZO	ZO	ZO	PS	NS	ZO	ZO	NS	ZO	NS
PS	PS	ZO	ZO	ZO	PS	NS	NS	NS	PS	NB	ZO	PS	NB	PS	ZO
PB	ZO	NS	ZO	ZO	NB	PS	NB	NS	PB	NB	PS	PS	NB	PB	ZO

4.2.3　电源模块和信号调理电路设计

电控播种系统中使用的电机、控制器、雷达测速仪/GPS 测速传感器、旋转编码器和传输信号的工作电压各不相同，若每种元件各配有一个相应电压大小的电源，则会增加元件的数量和结构设计的复杂程度，同时，因为电磁干扰，也会降低控制系统的硬件稳定性。因此，需要设计合理的转换模块，将一种电源电压转换成相应元件所需的工作电压，从而减少电源的使用。本章设计系统中各元件和传输信号的工作电压参数如表 4.13 所示。

表 4.13　各元件和传输信号工作电压

项目	直流无刷电机	电机驱动器	旋转编码器	触摸屏	雷达测速仪/GPS测速传感器	传输信号
工作电压/V	48	48	5	5	12	3.3

（1）电机与驱动器。

电机与驱动器工作电压相同，因此，采用共同电源即可。依据其工作电压数值，本章设计系统选用 20Ah、48V 超威锂电池。该电池质量轻，在满电状态下，可连续工作 8h 左右，满足田间播种作业要求。

（2）雷达测速仪/GPS 测速传感器。

由于雷达测速仪和 GPS 测速传感器所需工作电压均是 12V，因此，只需一个电压转换模块将电源 48V 电压转换成 12V 即可满足使用要求。本章设计系统选用型号为 URF4812QB-100W(F) R3 的电源转换模块，其转换电路如图 4.35 所示。

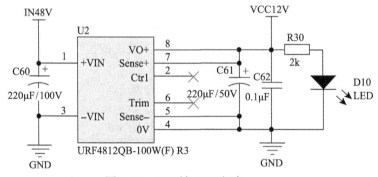

图 4.35　48V 转 12V 电路

（3）旋转编码器与触摸屏。

旋转编码器和触摸屏工作电压均为 5V，因此，使用同一个 48V 转 5V 电压转换模块即可。本章设计系统选用型号为 VRB4805LD-30WHR3 的电源转换模块，其转换电路如图 4.36 所示。

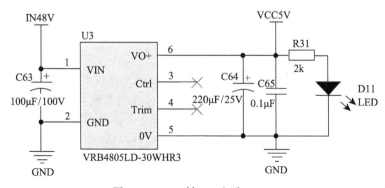

图 4.36　48V 转 5V 电路

（4）信号调理电路。

电控播种系统中包含两个需进行调理转换的传输信号：由雷达测速仪/GPS 测速传感器输出给控制器的信号和由控制器输出给电机驱动器的信号。本章采用自主研发转换模块对信号进行调理，转换电路与模块实物分别如图 4.37(a)和(b)所示。

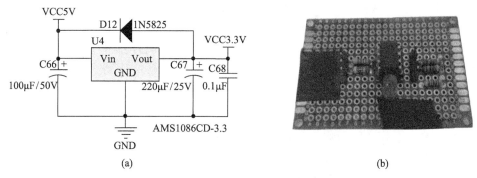

(a)　　　　　　　　　　　　　　　　　　(b)

图 4.37　信号调理电路和转换模块实物

通过以上对各硬件系统的设计，最终可得控制系统整体电路图如图 4.38 所示[5]。

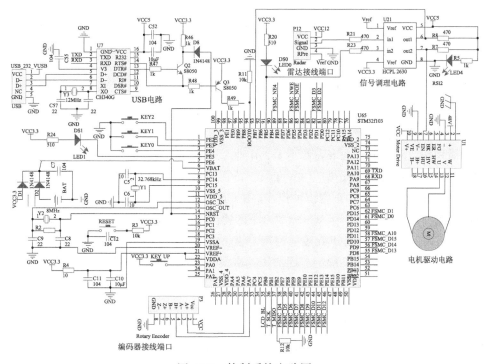

图 4.38　控制系统电路图

4.2.4 抗干扰设计

播种作业属于田间作业，作业环境复杂，对控制系统的干扰源较多，如振动、噪声等。因此，电控播种系统开发成功与否和工作性能的好坏在很大程度上取决于系统的抗干扰能力。

抗干扰设计主要包括两种：硬件抗干扰设计和软件抗干扰设计。对于硬件抗干扰，电控播种系统主要是防止供电系统干扰和过程信道干扰对单片机的影响；而对于软件抗干扰，主要是对数字滤波技术、指令冗余技术和看门狗技术三种软件抗干扰技术的应用。

1）硬件抗干扰技术

（1）供电系统抗干扰。

为了减少各模块间影响，本章设计采用独立电源为各模块单独供电；另外，也在单片机供电电路中增加了滤波电路和稳压模块来减少谐波和电压波动对控制系统的干扰，如用于 48V 电压转换成 12V 的 URF4812QB-100W(F) R3 的开关式直流稳压器的使用。

（2）过程通道抗干扰。

为了保证信号传输的可靠性，提高信号抗干扰能力，本章设计多采用双绞线连接有线传输信号的元器件。此外，设计中应用光电耦合器来达到光电耦合隔离效果，有效提高了通信效率，减少了外界干扰。例如，将控制器输出的 3.3V 电平信号转换成 5V 电平信号输入到电机驱动器应用的就是 HCPL 2630 双通道逻辑输出光电耦合器。最后，对于单片机中没有使用到的引脚端口，本章设计将其接地或电源端。

2）软件抗干扰技术

（1）数字滤波。

播种作业时，田间地表高低不平，作业工况复杂，振动较大，对雷达测速仪或 GPS 测速传感器的正常使用产生了干扰。特别是当拖拉机原地待机时，振动会导致排种器做旋转运动，影响正常播种作业。由于播种作业速度基本上都在 3km/h 以上，所以在编写程序时，将小于 0.5km/h 以下的速度信号默认为静止，最终测量速度值取 0.2ms 内的平均值。对于旋转编码器来说，由于受到振动或地表不平等原因产生的颠簸，输出脉冲会很不稳定。因此，本次设计应用了软件滤波方法，在 1s 内测得前 6 个脉冲数的平均值，使其在短时间内的振动影响下能平缓运行。

（2）指令冗余。

编写设计程序时，在双字节指令与三字节指令之后插入两字节或以上的 NOP 指令，这样如果程序乱飞到操作数上，由于 NOP 空操作指令的存在，便会避免之后的指令被误当作操作数来执行，程序自动纳入正轨。另外，在 JC、LCALL、LJMP、RET 或 RETI 对系统流向起重要作用的指令前插入两条 NOP 指令，以便确保这些重要指令的执行，将程序纳入正轨。

4.3　电控播种技术应用与整机试验

　　电控播种系统应用于播种装备后，其整机作业性能、作业状态和作业效率应满足农业技术、运用和经济等方面的要求，因此，需要对整机进行试验验证。该试验主要包含两部分：系统控制精度试验和播种作业性能（合格率、漏播率、株距合格指数等）试验。以 4 行玉米免耕播种机为平台对电控播种控制系统可靠性与准确性进行验证试验，其整机结构和关键技术参数分别如图 4.39 和表 4.14 所示[5]。

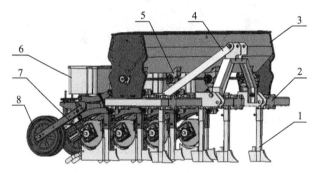

图 4.39　玉米电控免耕播种机整机结构

1. 开沟器；2. 机架；3. 肥料箱；4. 三点悬挂装置；5. 排肥器；6. 种箱；7. 电控排种装置；8.镇压轮

表 4.14　关键技术参数

参数	数值	参数	数值
整机尺寸（长×宽×高）/ mm×mm×mm	2400×1600×1200	整机质量/kg	500
工作幅宽/mm	2400	肥药箱容积/L	288
播种行数/行	4	播种行距/mm	600
播种深度/mm	50～60	施肥行距/mm	600
施肥行数/行	4	蓄电池电压/V	48
施肥深度/mm	苗侧，种下 50～60	株距	可调

　　试验材料选用未分级的安农 102，其千粒质量为 360g，含水率为 11%。试验时，牵引动力采用上海纽荷兰 SNH904 拖拉机，投种高度为 15.6cm，播种行数为 4 行，行距为 600mm。在设定播种株距分别为 130mm、160mm、190mm、220mm、250mm、280mm、300mm 和 330mm 下进行田间试验，每次试验采集稳定作业后的 80 个数据，重复 3 次，计算平均值作为试验结果。田间试验现场如图 4.40 所示。

图 4.40　试验现场

4.3.1　系统控制精度试验结果与分析

分别在低速（4km/h<v≤6km/h）、中速（6km/h<v≤8km/h）、中高速（8km/h<v≤10km/h）、高速（v>10km/h）、由低速到高速、随机速度下进行播种作业，用笔记本电脑记录每一种工况下的排种器轴理论转速和实际转速值，并绘制相应表格进行比较。结果如图 4.41 所示。

以排种器轴理论转速和实际转速为分析对象，分析结果见表 4.15 所示。由图 4.41和表 4.15 可以看出，在拖拉机开始行驶和停止阶段，排种器轴理论转速和实际转速误差较大；当拖拉机行驶于稳定阶段时，平均误差的最大值为 8.02%，最小值为2.23%，控制精度高；各行驶工况中，以中高速行驶（8km/h<v≤10km/h）稳定性最好，最小误差为 0，最大误差为 6.42%。

表 4.15　各行驶工况下排种器理论转速和实际转速分析

行驶工况	平均误差/%	最小误差/%	最大误差/%
低速行驶(4km/h<v≤6km/h)	5.82	0.26	14.23
中速行驶(6km/h<v≤8km/h)	3.70	0.19	10.24
中高速行驶(8km/h<v≤10km/h)	2.44	0	6.42
高速行驶(v>10km/h)	2.23	0.09	7.10
由低到高变速行驶	4.06	0.24	14.29
随机变速行驶	8.02	0.11	23.15

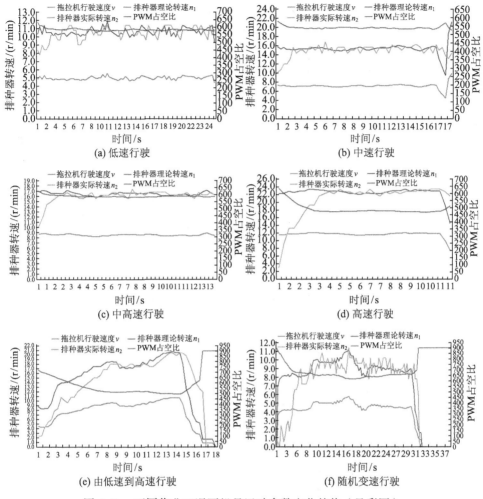

图 4.41　不同作业工况下机具运动参数变化趋势（见彩图）

4.3.2　播种作业性能试验与分析

　　表 4.16 所示为不同作业速度下株距变异系数。由表可得，不同作业速度下株距变异系数均在 15%以下。随着作业速度的增大，播种稳定性变差；而随着株距的增大，播种稳定性有所提高。当株距为 330mm 时，播种稳定性较优。因此，在满足当地播种农艺要求的前提下，优先选取较大株距。

　　表 4.17 所示为播种作业性能试验结果。由表中各数据可得，应用上述设计的玉米精量播种控制系统进行作业，田间播种株距合格指数大于等于 87%，重播指数小于等于 10%，漏播指数小于等于 4%，株距合格指数平均值为 90.89%，满足实际播种作业要求。

表 4.16　不同作业速度下株距变异系数

拖拉机行驶速度/(km/h)	序号	设定株距/mm	平均值/mm	变异系数/%	拖拉机行驶速度/(km/h)	序号	设定株距/mm	平均值/mm	变异系数/%
3	1	130	156.07	9.00	6	1	130	146.63	14.00
	2	160	169.90	13.00		2	160	147.83	15.00
	3	190	201.83	13.00		3	190	189.13	14.00
	4	220	238.07	8.00		4	220	183.70	12.00
	5	250	242.93	12.00		5	250	220.27	14.00
	6	280	307.93	13.00		6	280	241.43	11.00
	7	300	327.57	11.00		7	300	299.83	15.00
	8	330	318.53	8.00		8	330	323.73	8.00
4	1	130	156.07	11.00	7	1	130	142.33	15.00
	2	160	157.03	14.00		2	160	170.37	15.00
	3	190	201.83	14.00		3	190	162.93	15.00
	4	220	212.93	12.00		4	220	184.23	12.00
	5	250	257.90	10.00		5	250	211.20	15.00
	6	280	272.37	13.00		6	280	233.27	12.00
	7	300	281.20	11.00		7	300	295.93	14.00
	8	330	320.93	8.00		8	330	321.27	14.00
5	1	130	136.33	13.00	8	1	130	137.70	15.00
	2	160	145.60	13.00		2	160	192.97	15.00
	3	190	191.60	14.00		3	190	204.97	13.00
	4	220	196.17	10.00		4	220	199.07	13.00
	5	250	238.90	12.00		5	250	221.13	15.00
	6	280	251.40	11.00		6	280	234.57	14.00
	7	300	261.03	11.00		7	300	287.80	15.00
	8	330	322.77	11.00		8	330	321.47	13.00

表 4.17　播种作业性能试验结果

试验序号	设定播种株距/mm	实际播种株距/mm	合格指数/%	漏播指数/%	重播指数/%
1	130	106.14	87.75	3.95	8.30
2	160	112.00	88.98	1.18	9.84
3	190	124.42	91.60	0.80	7.60
4	220	184.22	90.00	2.80	7.20
5	250	233.87	92.80	4.00	3.20
6	280	262.78	91.20	2.80	6.00
7	300	271.42	92.00	2.00	6.00
8	330	283.44	92.80	2.80	4.40

与传统播种作业（排种动力由地轮提供）漏播系数对比试验结果如图 4.42 所示。由图可知，基于电控播种系统下的播种作业漏播指数较传统作业降低了 4.32%。因此，该系统不仅满足实际播种需要，同时降低了漏播率[4]。

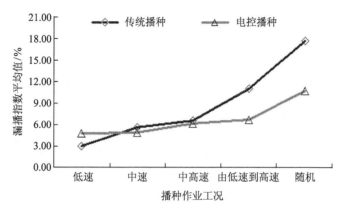

图 4.42　与传统播种方式对比试验结果

4.4　本　章　小　结

本章以玉米播种作业为研究对象，分别从排种器作业过程及性能仿真分析、电控排种器设计、电控播种共性技术研究和试验验证等方面进行了介绍，主要内容总结如下。

（1）以勺轮式玉米排种器和指夹式玉米排种器为对象，通过离散元法仿真分析了两种排种器作业时的充种、清种、输种、投种过程和出现重播、漏播现象发生过程，并得出排种质量随排种盘转速的提高而降低，导致该现象发生的主要原因是漏播率的升高。

（2）结合播种作业流程，设计了一种电控排种器，分别从机械设计和控制系统设计两方面介绍了电控排种器结构、元器件选择与控制方法设计，并通过台架试验验证了排种精度控制的可靠性和准确性。

（3）基于电控排种技术，综合播种作业环节，依次介绍了电控播种的信号采集、控制策略、信号调理和抗干扰四大共性技术；其中，主要以测速雷达和 GPS 测速为例分析了信号处理方法与电机控制。

（4）以某款 4 行玉米免耕播种机为载体，综合应用上述电控排种器和电控播种技术，搭建了电控播种系统测试平台，以控制精度和播种作业质量为考核指标验证了上述设计方法的可靠性与准确性。

参 考 文 献

[1] 张春岭, 陈黎卿, 吴荣. 基于离散元法的勺轮式排种器性能仿真分析[J]. 安徽农业大学学报, 2016, 43(5): 848-852.

[2] 黄鑫. 种肥药同步玉米免耕播种机关键装置设计与试验[D]. 合肥: 安徽农业大学, 2016.

[3] 陈黎卿, 解彬彬, 李兆东, 等. 基于双闭环 PID 模糊算法的玉米精量排种控制系统设计[J]. 农业工程学报, 2018, 34(9): 33-41.

[4] 张春岭, 吴荣, 陈黎卿. 电控玉米排种系统设计与试验[J]. 农业机械学报, 2016, 48(2): 51-59.

[5] 解彬彬. 玉米电控精量播种机设计与试验[D]. 合肥: 安徽农业大学, 2018.

第 5 章　秸秆还田环境下玉米中后期
植保机械设计与试验

在小麦秸秆全量还田背景下，玉米种植出现了害虫存活率增高及病体残留在田间导致病害加重等突出问题。玉米属于高秆作物，在玉米生长中后期由于植株茎叶茂密，传统喷雾机等植保机械难以在田间进行植保作业；由于封行后行间相对密闭，空气流动速度慢，对施药人员的身体健康有直接伤害[1]，同时普通植保机械难以对高秆作物顶层叶面进行有效防治。根据目前玉米中后期植保的生产经验，运用玉米行间自主行走的植保机械是解决玉米病虫害防控难题的有效方法。本章首先建立了双电机驱动模式下履带植保机械的三维模型并开展了基于多体动力学的分析研究；然后开展了双电机驱动模式下植保机械驱动控制方法和策略的研究；最后以激光雷达导航为案例，介绍了玉米行间植保机械的导航控制方法及田间试验效果。

5.1　履带植保机械总体方案

根据行间行驶履带植保机械电动底盘的设计要求，总体结构如图 5.1 所示，主要由履带驱动系统、热雾机、电子控制元器件、底盘等部分组成。设计时采用模块化设计，整机宽度设计为 400mm，由于市场上热雾机大小型式不一，高度一般在400～600mm 之间，因此整机底盘质心不宜过高，设计时将质量为 8kg 的锂电池安置在底盘底部两履带间，靠近尾部易抽卸位置。遥控、控制系统和电器元件等均通过定制铝制控制盒进行集中安置。电机、减速器和驱动轮通过定制法兰、传动轴进行连接传动模块设计。整机前方留有空间安装高清摄像头和 sick 传感器。整机主要技术参数如表 5.1 所示。

利用先进三维绘图软件 CATIA 进行计算机辅助设计，首先将选型的部件（履带、电机、驱动器、摄像头、市场上某款热雾机、网桥、减速器等）进行准确测绘，为部件布置提供参考，如图 5.2 所示。将传动部件履带环进行合理的尺寸设计，根据履带底盘长度在 800mm 左右，履带环设置 4 个承重轮、托轮和张紧轮各一个。为使底盘具有较好的越障能力，设置履带环形状为倒梯形，根据各轮位置，设计整机骨架，建立 CATIA 零部件模型如图 5.2 所示。

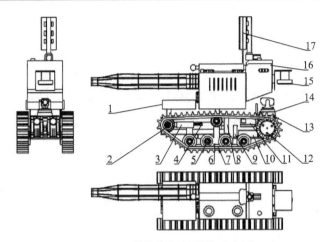

图 5.1　履带植保机械结构示意图

1.控制盒；2.履带张紧轮；3.底盘；4.张紧调节杆；5.承重轮；6.托带轮；7.履带；8.锂电池；9.风扇；10.电机
驱动器；11.驱动电机；12.驱动轮；13.减速器；14.高清摄像头；15.sick 传感器；16.热雾机；17.网桥

表 5.1　履带植保机械主要技术参数表

名称	整机型式	整机质量/kg	长×宽×高/(mm×mm×mm)	基本作业速度/(m/s)	履带宽/mm	履带轨距/mm	履带接地长度/mm	驱动轮节圆直径/mm
参数	橡胶履带	80	1300×400×700	0.1～1	80	300	440	145

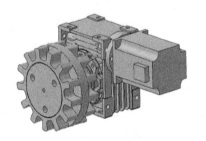 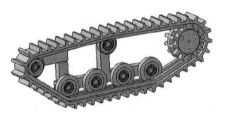

(a) 驱动电机集成模块模型　　　　　　　(b) 履带环形状三维模型

图 5.2　履带植保机械零部件模型

　　各零部件绘制完毕后，在 CATIA 装配模块中，进行合理布置。锂电池质量较大设置在底盘底部；摄像头、传感器放置在减速器上方；在驱动电机与电池之间设置风扇进行冷却；由于控制盒体积较大，放置在锂电池上方空的位置；传输网桥放置在热雾机上方无遮挡处，利于信号的传输。最终效果如图 5.3 所示。

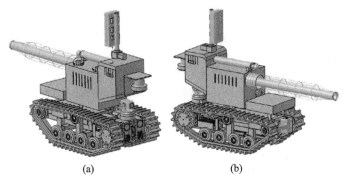

(a)　　　　　　　　　(b)

图 5.3　履带植保机械三维效果图

5.2　履带植保机械动力学仿真分析

5.2.1　动力学仿真模型建立

　　应用多体动力学软件 RecurDyn 建立双电机驱动履带植保机械底盘多体动力学仿真模型（图 5.4）。底盘模型主要由装配的履带子系统、车架、电池等构成，每个履带子系统由驱动轮、承重轮、诱导轮、托带轮和 51 块履带板组成。

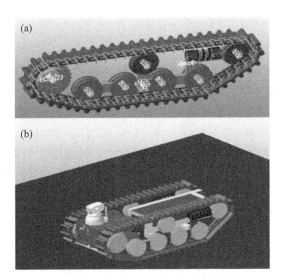

图 5.4　底盘多体动力学模型

(a)为履带驱动子系统模型，(b)为底盘整车模型

　　在软件 RecurDyn 中建立地面模型，通过用户建立样条线构造路面轮廓，封闭

后将路面分成一个个矩形单元，如图 5.5 所示，以每单元与履带板相互作用产生应力与应变综合计算履带车辆与地面交互作用产生的沉陷和牵引附着力，建立的不同土壤环境下的参数如表 5.2 所示。

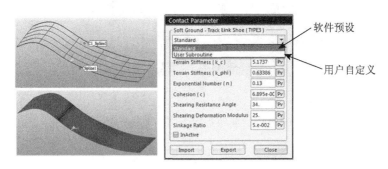

图 5.5　地面轮廓建模及地面土壤参数

表 5.2　地面特征参数值

参数	沙土	黏土	重黏土
内聚变形模量 k_c / (N·mm$^{-(n+1)}$)	4.7613×10^{-4}	0.4171	5.1737
内摩擦变形模量 k_ϕ / (N·mm^{-n})	7.6603×10^{-4}	2.1888×10^{-2}	0.63386
土壤变形指数 n	1.1	0.5	0.13

5.2.2　动力学仿真

1）牵引性能仿真分析

为研究履带自走式热雾机电动底盘不同工作参数对牵引性能的影响[2]，开展以下 3 种工况仿真分析：

（1）整机在不同路面参数下匀速行驶，研究地面参数对整机牵引性能的影响（图 5.6）；

（2）履带子系统在不同张紧力下匀速行驶，研究履带松紧度对牵引性能的影响（图 5.7）；

（3）整机在不同负载下匀速行驶，研究喷施农药工作过程对牵引性能的影响（图 5.8）。

由分析结果可知，随着土壤变形指数、内聚变形模量的变化，履带底盘的牵引性能呈线性相关，随变形指数的减小、内聚力的增大而变好，重黏土参数下驱动力矩变化幅度较大，主要是地面缓冲作用下降导致整机受力不稳定；张紧力在 1000N 时本机具有较好的牵引性能；机器负载主要由机体自重以及药液组成，负载随喷施农药工作时间长而减少，牵引力随之减小。由仿真结果可近似认为喷施农药过程对本机牵引性能没有影响。

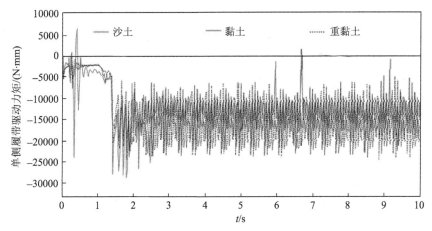

图 5.6　不同地面参数下牵引力仿真曲线（见彩图）

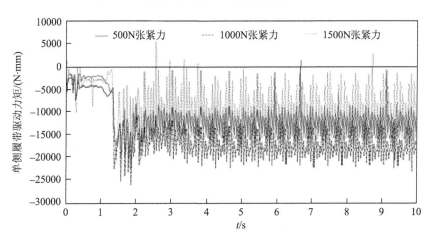

图 5.7　不同张紧力下牵引力仿真曲线（见彩图）

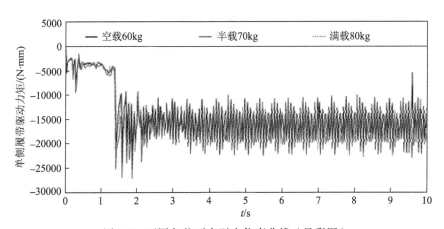

图 5.8　不同负载下牵引力仿真曲线（见彩图）

2）转向性能仿真分析

本机行驶环境为玉米行间、田间地头，多狭窄地段，为使底盘具有较小的转弯半径，本机采用单边制动转向方式。为研究本机底盘在不同工作参数下的转向性能，开展以下两种工况仿真分析[3]：①整机在不同路面参数下的转向行驶，研究地面参数对转向半径的影响；②履带子系统在不同张紧力下的转向行驶，研究履带松紧度对转向半径的影响。

（1）不同路面参数下转向性能仿真。选取沙土、黏土、重黏土三种路面对履带自走式热雾机电动底盘进行转向性能仿真，转向性能主要由履带与不同地面相互作用产生不同的滑转和滑移而产生差异，主要通过对履带底盘转向稳定性（质心俯仰角速度、横摆角速度和侧倾角速度）和转弯行驶轨迹进行仿真分析。仿真结果如图 5.9 和图 5.10 所示。

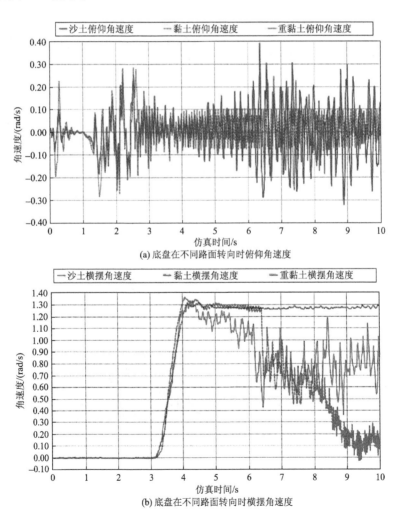

(a) 底盘在不同路面转向时俯仰角速度

(b) 底盘在不同路面转向时横摆角速度

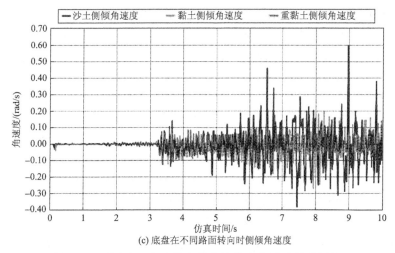

(c) 底盘在不同路面转向时侧倾角速度

图 5.9　不同路面底盘转变稳定性仿真曲线（见彩图）

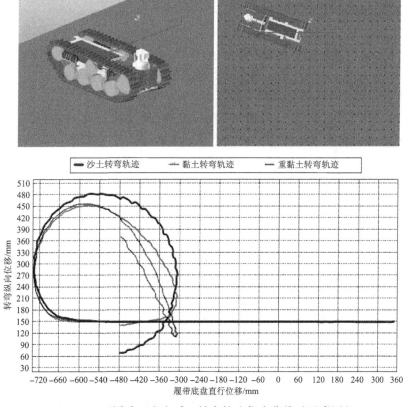

图 5.10　不同路面底盘质心转弯轨迹仿真曲线（见彩图）

　　由图 5.9 分析可得，在重黏土路面参数下底盘质心俯仰角速度平均值要小于黏土、干沙路面，曲线波动较小。在沙土路面下转向时质心侧倾角变化幅度最大，若仿真地面不平，则预计有发生侧倾的危险；重黏土路面下转弯时质心侧倾角速度变化最小，均值大小与直行时类似，转向较为平稳。底盘在转弯后重黏土路面上质心横摆角速度幅值最大，且较为稳定，沙土、黏土路面曲线变化不稳定，主要原因在于重黏土工况下车体转向较为稳定，车体本身转弯进一步加大了横摆角速度值。由图 5.10 可得，在沙土工况下转向半径最大约为 240mm，黏土与重黏土工况下约为225mm，但是在 10s 仿真时间内，车身在重黏土路面转向角度约 460°，黏土下转向角度约为 330°，沙土路面下转向角度约 300°。转向过程中外侧履带子系统在驱动轮匀速转动下带动履带与地面作用，产生外侧履带与地面的滑转，导致履带外侧行驶实际位移的损失，内侧履带在车身转弯的趋势下，被迫发生滑移。在重黏土路面履带内侧子系统滑移量最少，履带外侧子系统滑转率最低，因此底盘有较小的转向半径、较完整的转向行程。

　　综上分析可得，底盘转向能力随地面变形指数减小、土壤变形指数和内聚变形模量增大而变好。即在重黏土路面转向能力最好，在沙土路面转向能力最差。

　　（2）不同履带张紧力下转向性能仿真。本机采用的是橡胶履带，不同于铁制铰接履带，履带环本身具有一定的收缩度，过松容易脱带；过紧一方面会增大整机行驶内部阻力，不利于行驶，另一方面长时间处于绷紧状态会造成橡胶履带内部钢丝崩断，损坏履带。因此履带的张紧度对履带底盘正常行驶影响较大。为研究履带环张紧力对底盘转向性能的影响，分别对履带子系统施加 500N、1000N 和 1500N的张紧力，仿真路面选择与田间路面环境较符合且具有较好转向性能的黏土路面，仿真结果如图 5.11 和图 5.12 所示。

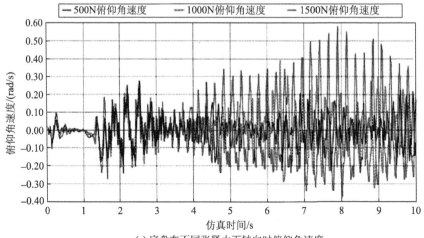

(a) 底盘在不同张紧力下转向时俯仰角速度

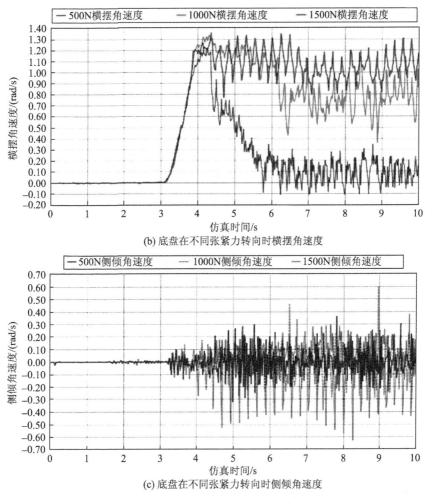

(b) 底盘在不同张紧力转向时横摆角速度

(c) 底盘在不同张紧力转向时侧倾角速度

图 5.11　不同张紧力底盘转向稳定性仿真曲线

　　分析结果可知，履带张紧力在 500N 时有较好的转向稳定性，转向比较平稳，但车体转弯侧的滑转率较高，转向困难，主要由于履带张紧力较小，履带牵引能力下降。履带张紧力在 1500N 时底盘俯仰角变化幅度较大，不利于车载摄像头工作；侧倾角变化幅度较大，容易发生侧翻，转向时横摆角均值最大，但得到最小的转弯半径，约 225mm。履带张紧力在 1000N 时转向稳定性高于 1500N 时，转向轨迹半径约 250mm 且转向顺畅度远大于张紧力在 500N 时。综上分析可得，履带张紧力在 1000N 时具有较好的转向能力。

　　3）越障性能仿真分析

　　由于玉米中后期植保作业为七八月份，玉米行间经过雨水冲刷，沟壑纵横，局部地区形成排水沟，对本机底盘具有一定的越障能力要求。为研究本机底盘的越障性能，开展以下 3 种工况仿真分析：①履带底盘爬斜坡仿真；②履带底盘垂直越障仿真；③履带底盘越壕沟仿真。对履带热雾机仿真路面设置为沙土。

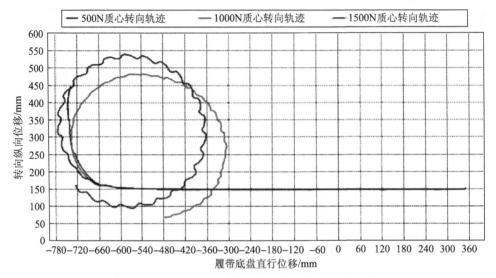

图 5.12　不同张紧力底盘转向纵向位移仿真曲线

（1）履带底盘爬斜坡仿真。设置沙土路面坡度分别为 0°、25°、30°、35°、40°、45° 等 6 种不同的坡度，且垂直高度均为 1000mm。针对不同坡度，对履带底盘的爬坡速度进行仿真分析。

履带底盘在 0°、25°、30°、35°、40° 坡度爬行速度如图 5.13 所示，随着坡度的增加，履带底盘爬行速度降低。其中 25°、30°、35° 坡度爬坡仿真显示，履带底盘均已到达坡顶，但到达坡顶后，坡度较小的 25° 斜坡速度变化较为稳定，说明履带底盘能够轻松爬在 25° 以下的斜坡。在 30° 和 35° 坡顶位置履带底盘车身在重力作用下速度突增。40° 斜坡下履带滑转率较高，故没有到达坡顶。说明履带底盘能够爬越 25°～40° 斜坡，勉强爬越 40° 斜坡。履带底盘爬越 45° 斜坡时发生翻车，如图 5.14 所示。履带底盘最大爬坡度在 40°～45° 间，由于精确，最大爬坡角度意义不大，下面增设测试 42° 斜坡仿真后不再继续细分仿真坡度，42° 斜坡仿真时履带前两个承重轮悬空通过斜坡，若再增坡度，则履带底盘行驶有翻车的趋势。

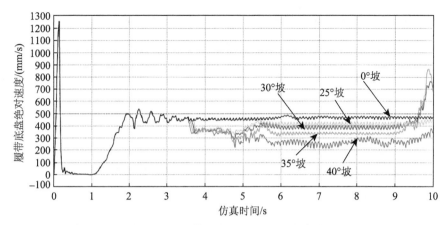

图 5.13　履带底盘爬坡绝对速度曲线

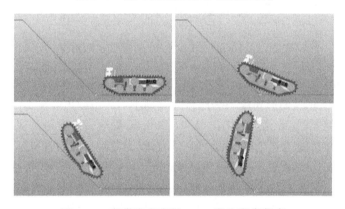

图 5.14　履带底盘爬坡 45° 发生翻车仿真

综上分析可得，履带自走式热雾机能够轻松爬越 25°以下斜坡，能够爬越 25°～35°斜坡，勉强通过 35°～40°斜坡，最大爬坡角度在 42°。

（2）履带底盘垂直越障仿真。对履带热雾机仿真路面设置为沙土。在沙土路面分别设置 10cm、15cm、20cm 等 3 种不同的垂直障碍，对履带底盘垂直越障能力进行仿真测试，以其翻越障碍过程中履带底盘质心俯仰角变化曲线来分析其越障能力。仿真结果如图 5.15 所示。

由图可得，质心俯仰角随障碍高度增加而变大（8s 后因履带底盘越坡后接地部分长度短，车体前部掉落而发生突变，如 10cm、15cm、20cm 线段，无此突变线段认为越障失败），履带底盘能稳定通过 10cm 以下障碍。

（3）履带底盘越壕沟仿真。履带底盘在田间行驶中，跨越壕沟宽度与底盘长度和质心位置有关，一般为质心与车身可支撑的两端长度中小的值。由于本机设计时考虑行驶的灵活性，前进后退可灵活切换，故将质心控制在底盘中心位置。因此本机理论跨越壕沟宽度为机身支撑长度的一半，约 400mm。为研究履带底盘的越壕沟能力，先在沙土路面设置宽度为 300mm、400mm、500mm 等 3 种工况，并进行状态仿真；然后，增设 430mm、440mm、450mm 三种宽度作为验证仿真。仿真模型及仿真结果如图 5.16 所示。

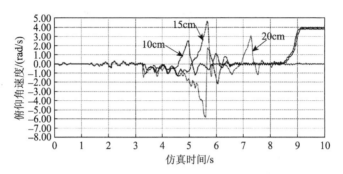

图 5.15　10cm、15cm、20cm 垂直越障仿真

如图 5.16(b)所示在 300mm、400mm、500mm 履带底盘越壕沟仿真中，300mm、400mm 壕沟履带底盘俯仰角度与平地行驶差别不大，俯仰角度在 20°以内，说明本机能够正常跨越 400mm 宽度以内的壕沟。500mm 处履带在接触沟底的情况下勉强越过壕沟，俯仰角度达到 80°，此时车体姿态较为危险。在对本机越沟宽度进一步验证后，如图 5.16(c)所示，壕沟宽度在 430mm 和 440mm 时俯仰角达到 40°，由于本机重心较低，基本不会发生翻车现象，在越 450mm 壕沟时履带翻转，证明本机跨越壕沟宽度能力在 440mm 以内，满足在玉米田间行驶要求。

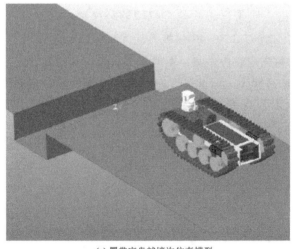

(a) 履带底盘越壕沟仿真模型

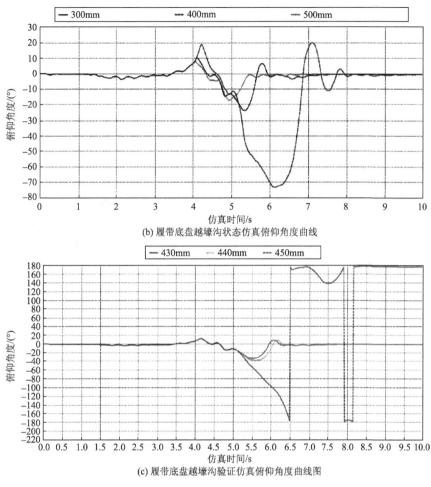

(b) 履带底盘越壕沟状态仿真俯仰角度曲线

(c) 履带底盘越壕沟验证仿真俯仰角度曲线图

图 5.16　履带底盘越壕沟宽度仿真分析

5.3　履带植保机械控制方法与策略研究

在实际的行驶过程中，履带牵引系数未知、土壤条件苛刻、环境复杂等因素，将造成双电机履带驱动植保机械偏离预定轨迹行驶，因而精确地沿着既定的路径行驶，避免偏离既定轨迹、出现失控是当前最重要的任务之一[4]。为解决玉米中后期田间软性、黏性土壤以及复杂环境下履带式双电机驱动植保机械轨迹偏移的问题，提出了一种基于滑膜变结构控制（Sliding Mode Control，SMC）算法的履带式双电机驱动植保机械自适应控制算法，设计了双电机履带驱动植保机械路径跟踪控制系统。在多体动力学仿真软件 RecurDyn/Track 中建立了特定起伏特征和软性土壤条件下履带底盘-土壤相互作用的动力学模型，在 MATLAB/Simulink 中进行控制系统开发，并进行了联合仿真试验。仿真结果表明，滑模变结构控制方法能够取得较好的控制效果，仿真最大轨迹偏差可保持在-10mm～+10mm 范围内。进行履带机械田间植保作业试验，结果表明：采用基于滑模变结构控制系统的履带植保机械田间植保作业时轨迹偏移最大值为 73mm，轨迹偏移平均值为 20.8mm，未出现失控现象，能够在玉米行间进行植保作业，有效解决了玉米等高秆作物中后期病虫害综合防治问题，实现了人机分离、绿色防控。

5.3.1 履带式双电机驱动植保机械控制系统数学模型

履带植保机械两侧主动轮分别由两侧电动机独立驱动，通过电子差速转向系统控制两侧电动机的转速和转矩，实现机械转向。建立 3 自由度履带植保机械模型，分别为绕 x 轴的纵向运动、绕 y 轴的侧向运动和绕 z 轴的横摆运动，建模时对履带植保机械做以下简化。

（1）动坐标系原点与质心重合。

（2）忽略悬架作用，机械只做平行于地面运动。

（3）忽略转向系影响，两条履带机械特性相同。

简化后的履带植保机械动力学模型如图 5.17 所示。

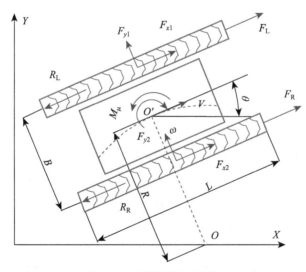

图 5.17 履带植保机械模型

由图 5.17 可知履带机械的运动学模型为

$$
\begin{cases}
m_5 \dot{v}_x = (F_L + F_R)\cos\theta + (F_{x1} + F_{x2})\cos\theta - (F_{y1} + F_{y2})\sin\theta - (R_L + R_R)\cos\theta \\
m_5 \dot{v}_y = (F_L + F_R)\sin\theta + (F_{x1} + F_{x2})\sin\theta - (F_{y1} + F_{y2})\cos\theta - (R_L + R_R)\sin\theta \\
I\dot{\omega} = (F_R + F_{x2} - F_{x1} + R_L - R_R)\dfrac{B}{2} - M_\mu \\
v_x = V\cos\theta \\
v_y = V\sin\theta \\
\max(F_L, F_R) \leqslant \varphi m_5 g / 2 \\
M_\mu = \mu m_5 g L / 4 \\
\mu = \mu_{\max} / (0.925 + 0.15 R / B) \\
R_R = R_L = m_5 g f / 2
\end{cases}
\tag{5.1}
$$

式中，θ 为航向角；m_5 为双电机履带植保机械质量；v_x，v_y 为双电机履带植保机械在 X，Y 方向的速度分量；F_L，F_R 为双电机履带植保机械左右履带驱动力；F_{x1}，F_{x2} 为双电机履带植保机械左右履带所受 X 方向的力；F_{y1}，F_{y2} 为双电机履带植保机械左右履带所受 Y 方向的力；R_L，R_R 为双电机履带植保机械左右履带所受行驶阻力；I 为双电机履带植保机械转动惯量；ω 为双电机履带植保机械转动角速度；B 为双电机履带植保机械履带间距；M_μ 为双电机履带植保机械转向阻力矩；V 为双电机履带植保机械行驶速度；φ 为双电机履带植保机械左右履带与土壤附着系数；L 为双电机履带植保机械履带接触长度；$\mu_{\max}$ 为双电机履带植保机械最大转向阻力系数；R 为双电机履带植保机械转向半径；f 为双电机履带植保机械履带与土壤滚动摩擦系数。

左右两侧履带驱动力为

$$
\begin{cases}
F_R = 1946 p_e \pi \eta i / (\omega_2 r) \\
F_L = 1946 p_e \pi \eta i / (\omega_1 r)
\end{cases}
\tag{5.2}
$$

式中，i 为传动比；p_e 为驱动电机的额定功率；η 为传动效率；ω_1、ω_2 为左侧驱动轮角速度。

履带-土壤相互作用数学模型：本书涉及的履带植保机械工作环境土壤为砂姜黑土等软性土壤。履带植保机械整体受力如图 5.18 所示。

履带与地面之间的正压力满足美国学者 Bekker 提出的压力-沉陷关系式。

$$
p = \left(\frac{k_c}{b} + k_\phi\right) Z_0^{\,n}
\tag{5.3}
$$

式中，p 为单位面积压力；k_c 为土壤的内聚变形模量；b 为载荷板的宽度；k_ϕ 为土壤的内摩擦变形模量；Z_0 为整机在地面的沉陷量；n 为土壤的变形指数。

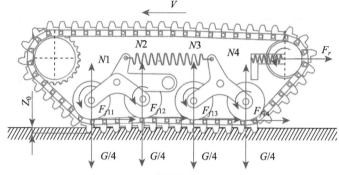

图 5.18　履带植保机械受力图

$N1 \sim N4$ 为各承重轮受到履带的反作用；$F_{f1} \sim F_{f4}$ 为各承重轮与履带之间的摩擦力；F_r 为履带预紧力；G 为重量

履带所受剪应力与土壤形变之间满足著名学者 Janosi 提出的剪应力与形变关系的公式：

$$\tau = \tau_m \left(1 - e^{-\frac{j}{k}} \right) \tag{5.4}$$

$$\tau_m = c + p \tan \phi \tag{5.5}$$

式中，c 为土壤黏结力；τ 为履带所受剪应力；τ_m 为土壤抗剪强度；j 为土壤的剪切位移；k 为土壤水平剪切模数；ϕ 为土壤内摩擦角。

因此左右侧履带与地面之间的剪应力可以表示为

$$\begin{cases} \tau_L = \left(c + p_L \tan \phi \right) \left(1 - e^{-\frac{j}{k}} \right) \\[2mm] \tau_R = \left(c + p_R \tan \phi \right) \left(1 - e^{-\frac{j}{k}} \right) \end{cases} \tag{5.6}$$

式中，τ_L, τ_R 为左右侧履带单位面积剪应力；p_L, p_R 为左右侧履带单位面积压力。

在软性地面上，履带与地面之间的剪应力与履带的滑动速度方向恰好相反，如图 5.19 所示，图中 r_1、r_2 为转向时任意点到几何中心的距离；b 为履带宽度。

根据式（5.6），两侧履带接地段单位面积上的剪应力为

$$\begin{cases} dF_1 = \tau_L dA = \left(c + p_L \tan \phi \right) \left(1 - e^{-\frac{j}{k}} \right) dA \\[2mm] dF_2 = \tau_R dA = \left(c + p_R \tan \phi \right) \left(1 - e^{-\frac{j}{k}} \right) dA \end{cases} \tag{5.7}$$

式中，A 为双电机履带植保机械履带接地面积，$\mathrm{d}F_1$，$\mathrm{d}F_2$ 为双电机履带植保机械左右履带单位面积所受剪切力。

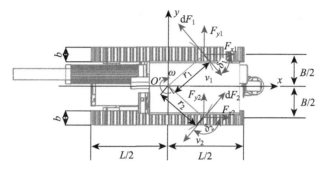

图 5.19　两侧履带转向动力学关系

根据式（5.7）可得两侧履带在纵向方向的作用力为

$$
\left\{
\begin{array}{l}
F_{y2} = b \displaystyle\int_{\frac{-L}{2}}^{\frac{L}{2}} \left(c + p_{\mathrm{R}} \tan\phi\right)\left(1 - \mathrm{e}^{-\frac{j}{k}}\right)\cos\left(\pi - \delta_2\right)\mathrm{d}x \\[4mm]
F_{y1} = b \displaystyle\int_{\frac{-L}{2}}^{\frac{L}{2}} \left(c + p_{\mathrm{L}} \tan\phi\right)\left(1 - \mathrm{e}^{-\frac{j}{k}}\right)\cos\delta_1\mathrm{d}x
\end{array}
\right.
\tag{5.8}
$$

两侧履带在横向方向的作用力为

$$
\left\{
\begin{array}{l}
F_{x2} = b \displaystyle\int_{\frac{-L}{2}}^{\frac{L}{2}} \left(c + p_{\mathrm{R}} \tan\phi\right)\left(1 - \mathrm{e}^{-\frac{j}{k}}\right)\sin\left(\pi - \delta_2\right)\mathrm{d}x \\[4mm]
F_{x1} = -b \displaystyle\int_{\frac{-L}{2}}^{\frac{L}{2}} \left(c + p_{\mathrm{L}} \tan\phi\right)\left(1 - \mathrm{e}^{-\frac{j}{k}}\right)\sin\delta_1\mathrm{d}x
\end{array}
\right.
\tag{5.9}
$$

式中，$\cos\delta_1 = \dfrac{x_1^{1/2}}{\left(x_1^2 + (B/2)^2\right)^{1/2}}$，$\cos\left(\pi - \delta_2\right) = \dfrac{x_2^{1/2}}{\left(x_2^2 + (B/2)^2\right)^{1/2}}$；$\delta_2$，$\delta_1$ 为双电机履带植保机械左右履带接地段任一点滑动速度与 x 轴方向的夹角。

5.3.2　履带式双电机驱动植保机械控制策略设计

1. 位置控制律设计

履带植保机械的状态由其轴线中点在坐标系的位置以及航向角 θ 来表示，如图 5.17 所示。取理想轨迹为 (x_d, y_d)，首先通过设计位置控制率，实现 x 跟踪 x_d，y 跟踪 y_d。则误差跟踪方程为

$$
\left\{
\begin{array}{l}
\dot{x}_e = v\cos\theta - \dot{x}_d \\
\dot{y}_e = v\sin\theta - \dot{y}_d
\end{array}
\right.
\tag{5.10}
$$

式中，$x_e = x - x_d$，$y_e = y - y_d$，取

$$\begin{cases} v\cos\theta = u_1 \\ v\sin\theta = u_2 \end{cases} \quad (5.11)$$

针对 $\dot{x}_e = v\cos\theta - \dot{x}_d$，取滑模函数为 $s_1 = x_e$，则

$$\dot{s}_1 = \dot{x}_e = u_1 - \dot{x}_d \quad (5.12)$$

设计控制率为

$$u_1 = \dot{x}_d - k_1 s_1 \quad (5.13)$$

于是 $\dot{s}_1 = -k_1 s_1$，取 $V_x = \frac{1}{2}s_1^2$，$\dot{V}_x = s_1\dot{s}_1 = -k_1 s_1^2$，即 $\dot{V}_x = -2k_1 V_x$，从而 x_e 指数收敛于零。

针对 $\dot{y}_e = v\sin\theta - \dot{y}_d$，取滑模函数为 $s_2 = y_e$，则

$$\dot{s}_2 = \dot{y}_e = u_2 - \dot{y}_d \quad (5.14)$$

设计控制率为

$$u_2 = \dot{y}_d - k_2 s_2 \quad (5.15)$$

式中，$k_2 > 0$。

于是 $\dot{s}_2 = -k_2 s_2$，取 $V_y = \frac{1}{2}s_2^2$，$\dot{V}_y = s_2\dot{s}_2 = -k_2 s_2^2$，即 $\dot{V}_y = -2k_2 V_y$，从而 y_e 指数收敛于零。

由式（5.11）可得

$$\frac{u_2}{u_1} = \tan\theta$$

如果 θ 的值域是（$-\pi/2$，$\pi/2$），则可得到满足理想轨迹跟踪的 θ 为

$$\theta = \arctan\frac{u_2}{u_1} \quad (5.16)$$

式（5.16）求得的 θ 为位置控制律式（5.13）和式（5.15）所要求的角度，θ_d 为植保机械跟踪期望路径需要转动的角度。如果 θ 与 θ_d 相等，则理想的轨迹控制律式（5.13）和式（5.15）可实现，但实际模型中的 θ 与 θ_d 不能完全一致，尤其是控制的初始阶段，这会造成闭环跟踪系统不稳定。

为此，需要将式（5.16）求得的角度 θ 当成理想值，即取

$$\theta_d = \arctan\frac{u_2}{u_1} \quad (5.17)$$

实际的 θ 与 θ_d 之间的差异会造成位置控制律式（5.13）和式（5.15）无法精确实现，本书采取的解决方法是通过设计比位置控制律收敛更快的姿态控制算法，使 θ 尽快跟踪 θ_d。

2. 姿态控制律设计

通过设计姿态控制律,实现角度 θ 跟踪 θ_d。

取 $\theta_e = \theta - \theta_d$,取滑模函数为 $s_3 = \theta_e$,则

$$\dot{s}_3 = \dot{\theta}_e = \omega - \dot{\theta}_d \qquad (5.18)$$

式中,ω 为植保机械实际角速度。

设计姿态控制律为

$$\omega = \dot{\theta}_d - k_3 s_3 - \eta_3 \mathrm{sgn} s_3 \qquad (5.19)$$

其中,$k_3 > 0, \eta_3 > 0$。

则 $\dot{s}_3 = -k_3 s_3 - \eta_3 \mathrm{sgn} s_3$,取 $V_\theta = \dfrac{1}{2} s_3^2$,$\dot{V}_\theta = s_3 \dot{s}_3 = -k_3 s_3^2 - \eta_3 |s_3| \leqslant -k_3 s_3^2$,即 $\dot{V}_\theta \leqslant -2k_3 V_\theta$,从而角度 θ 指数收敛于 θ_d。

3. 信号转换器设计

控制器输出的信号是线速度 V 和角速度 ω,而履带植保机械的实际输入是左右履带驱动轮驱动电机的角速度 ω_1 和 ω_2。因此设计信号转换器如下。

$$\begin{cases} \omega\left(R + \dfrac{B}{2}\right) = V_L \\[2mm] \omega\left(R - \dfrac{B}{2}\right) = V_R \\[4mm] \omega R = V \end{cases} \qquad (5.20)$$

由式(5.20)可得

$$\begin{cases} V + \dfrac{\omega B}{2} = V_L = Z_K I_t \omega_L / (2\pi) \\[2mm] V - \dfrac{\omega B}{2} = V_R = Z_K I_t \omega_R / (2\pi) \end{cases} \qquad (5.21)$$

$$\begin{cases} \omega_1 i\eta = \omega_L \\ \omega_2 i\eta = \omega_R \end{cases} \qquad (5.22)$$

式中,Z_K 为驱动轮的有效啮合齿数;I_t 为履带链轨节距;ω_L 和 ω_R 为左右驱动轮角速度。

设计信号转换器为

$$\begin{cases} \omega_1 = \left(V + \dfrac{\omega B}{2}\right) 2\pi / (Z_K I_t i\eta) \\[2mm] \omega_2 = \left(V - \dfrac{\omega B}{2}\right) 2\pi / (Z_K I_t i\eta) \end{cases} \qquad (5.23)$$

因此通过主动控制 ω_1，ω_2 可实现对履带植保机械行驶状态的控制。基于滑模变结构的控制策略图如图 5.20 所示。

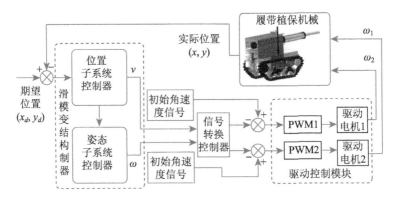

图 5.20　滑模变结构控制策略图

5.3.3　履带式双电机驱动植保机械轨迹跟踪控制联合仿真

1. 联合仿真模型建立

采用基于相对坐标系和相对递推算法的动态仿真程序 RecurDyn / Track 建立实验履带植保机械的多体动力学模型(图 5.21)，履带植保机械是一种复杂的机械系统，为了突出对植保机械运动系统性能的分析，仿真模型将整机做如下简化。

（1）工作部件简化为刚体。

（2）省略了除履带植保机械运动部件以外的一些重要部件，如螺栓、螺母等。

（3）模型参数主要通过三维测量、计算或实验得到。

图 5.21　履带植保机械三维多体动力学模型

1.信号接收发射器；2.履带张紧轮；3,4,5,6.履带承重轮；7.履带驱动轮；8. sick 传感器；
9.摄像头

仿真地面信息是在安徽省宿州市安徽农业大学皖北实验站现场获取的实际田间地面信息。采集数据是使用 VLP-16 三维地形扫描雷达获取的，扫描结果如图 5.22(a)所示，因此，仿真地面环境与真实环境非常相似。土壤表面的平均波动数据是通过使用 MATLAB 处理获得的，如图 5.22(b)所示。

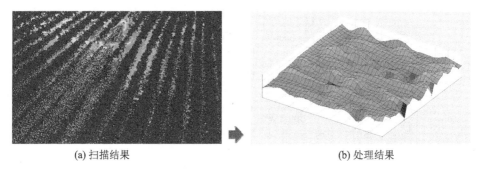

(a) 扫描结果   (b) 处理结果

图 5.22 仿真地表信息采集与处理

2. 控制系统联合仿真

仿真模型及控制策略设计完成后，开始进行联合仿真。对 RecurDyn 中建立的履带植保机械模型进行输入输出定义。其中定义履带植保机械的输入为左右侧电机的角速度 ω_1 和 ω_2，输出为履带植保机械的实际坐标位置。通过联合仿真接口与 Simulink 中搭建好的控制系统，形成一个完整的闭合控制回路。根据设计的滑模变结构控制策略，在 Simulink 中搭建滑模变结构控制系统如图 5.23 所示，同时搭建 PID 控制系统作为参考对照，如图 5.24 所示。

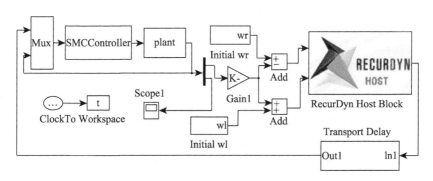

图 5.23 滑模变结构控制系统图

玉米中后期复杂田间仿真环境下，不加控制系统且履带植保机械左右驱动轮角速度均为（3rad/s）时的行驶轨迹为青色曲线（图 5.25），可以看出由于土壤力学性质的不均匀分布，行驶轨迹将偏离预定的期望直线轨迹。随着行驶距离的增加，偏差将不断增大，根据履带植保机械的轨迹偏差控制要求，偏差应在−50～+50mm 的允许范围内，仿真结果表明不加任何闭环控制系统的情况下履带植保机械在复杂环境下不能进行自走植保作业工作。

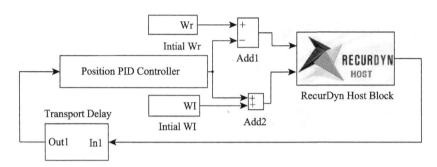

图 5.24　PID 控制系统图

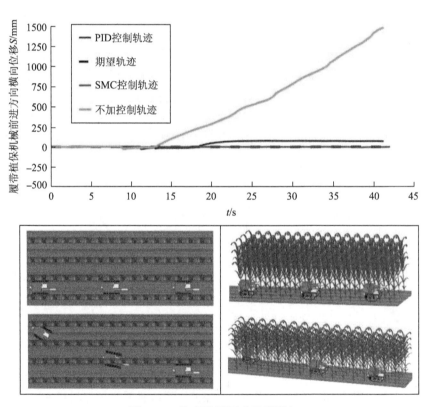

图 5.25　仿真结果图（见彩图）

　　蓝色曲线是采用常见的 PID 控制算法控制下的履带植保机械行驶轨迹。可见 PID 控制算法可以控制履带植保机械跟踪期望路径，随着行驶距离的增加，履带植保机械开始偏离期望轨迹，最大偏移量为 71.17mm。虽然满足履带植保机械复杂田间环境下的路径跟踪要求，但是 PID 控制算法对与可变环境因素的适应能力十分有限。

　　红色曲线是采用滑模变结构控制算法的履带植保机械行驶轨迹，可以看出采用滑模控制系统的履带植保机械可以精准地跟踪期望轨迹，并且随着行驶距离的增加履带植保机械的最大偏移量为 5.67mm。仿真试验说明，滑模变结构控制算法控制下的履带植保机械跟踪期望轨迹效果更好，跟踪响应更快，仿真结果如图 5.25 所示。

　　3. 控制系统稳定性分析

　　（1）驱动轮稳定性分析。当履带式双电机驱动植保机械使用 PID 控制算法和 SMC 控制算法时，左右驱动轮的角速度曲线，如图 5.26 所示，履带式双电机驱动

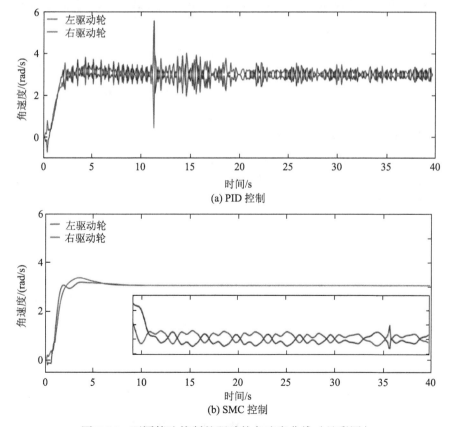

图 5.26　不同算法控制的驱动轮角速度曲线（见彩图）

植保机械的左右驱动轮的角加速度曲线如图 5.27 所示。在 PID 算法的控制下，履带式双电机驱动植保机械左右驱动轮的角速度在 2～4rad/s 范围内变化，波动较大，稳定性较差。这会对履带式双电机驱动植保机械在复杂的现场环境中的稳定性产生很大的影响，而高频角速度的变化会对电机造成危害。采用 SMC 算法时，履带式双电机驱动植保机械左右驱动轮的角速度变化平稳，采用 SMC 控制算法的驱动轮角加速度波动较小，相对稳定。长期来看，这对野外工作是非常有益的。

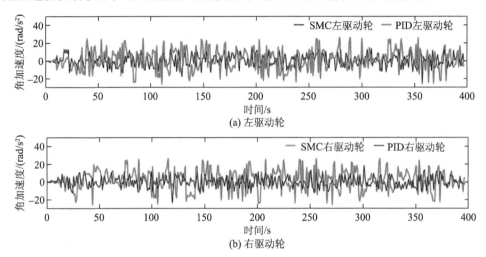

图 5.27　不同算法控制的驱动轮角加速度曲线（见彩图）

（2）履带式双电机驱动植保机械抗倾覆能力分析。履带式双电机驱动植保机械的抗倾覆性能直接影响其行走稳定性。在复杂的田间环境中，可能会出现不确定的自然因素，如大起伏的路面、大的土壤块和玉米秸秆延伸到道路上。因此，履带式双电机驱动植保机械可能会出现翻滚或过度摇摆。采用 PID 控制算法和 SMC 算法时，履带式双电机驱动植保机械的横摆角速度和俯仰角速度的变化如图 5.28 和

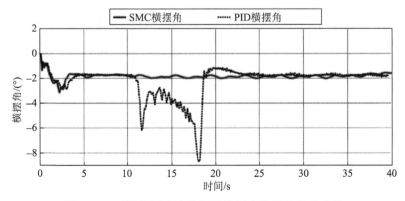

图 5.28　不同控制算法控制的机器人横摆角仿真曲线

图 5.29 所示。由图可知 SMC 算法可以根据动态过程中的当前状态（如偏差及其导数等）有目的地改变，并且对扰动不敏感。因此，本章设计的滑模变结构控制系统能够有效地抑制履带式双电机驱动植保机械的横向和轴向摆动。

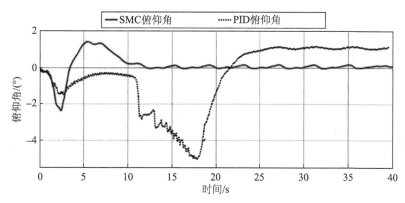

图 5.29 不同控制算法控制机器人俯仰角仿真曲线

5.4 田间性能试验

1. 牵引性能试验

如图 5.30 所示，采用测力计将 1.5kW 拖车（前期样机）与空档状态下的履带自走式热雾机电动底盘连接，拖车将履带自走式热雾机履带底盘拖至匀速状态，记录拉力数据，此数据可近似表示为该工作参数下履带自走式热雾机电动底盘的行驶阻力，即可表示履带自走式热雾机电动底盘的牵引附着性能。

图 5.30 牵引性能试验

试验分为两组：分别在耕作地块与闲置荒地做履带不同张紧力下履带底盘牵引力大小。经测量张紧弹簧弹性系数为 23.7N/mm，调节张紧螺栓使张紧弹簧压缩量分别为 21mm（张紧力 500N），42mm（张紧力 1000N），63mm（张紧力 1500N）。

试验结果（表 5.3）表明：①闲置荒地，板结较为严重，行驶阻力较小，与耕作地块牵引性能相比较差；②履带愈紧行驶阻力愈大，整机抖动愈明显；③试验值与仿真值差距不大在 10% 左右，验证了仿真模型的准确性。

表 5.3　试验与仿真对比

工作地形	张紧弹簧压缩量/mm	牵引力值/N	仿真数值/N	误差/%
耕作地块（沙土）	21	296.2	325.3	9.89
	42	433.8	442.7	2.05
	63	471.2	512.1	8.7
闲置荒地（重黏土）	21	281.6	293.3	4.15
	42	357.7	397.4	11.15
	63	463.2	490.7	5.94

2. 转向性能试验

履带自走式热雾机电动底盘理论转向半径 $R=B/2$（ B 为两侧履带轨距）为 160mm。在实际工况下履带滑转和滑移实际转弯半径均大于理论转弯半径。试验中在转向外侧履带转向痕迹中每隔 120° 选取 3 个位置的直径取其平均值，此为一组数据，分别向左、右转弯各做一次转向试验，取其平均值为本机单边制动转弯半径。

试验分为两组，分别在耕作地块和闲置荒地进行不同张紧力下履带底盘的转向试验，如图 5.31 所示。

图 5.31　履带底盘闲置荒地田间单边制动转向

由于耕作地面转向在履带张紧力 500N 时发生脱带，试验状况不佳，故仅将闲置荒地转向试验数据列出（表 5.4）。试验结果表明：①闲置荒地比耕作地块转向容易，且履带越紧转向越容易，但整机抖动越明显，故在闲置荒地履带张紧度适中条件下有最稳定转弯半径，约 220mm；②转向试验与仿真差值基本一致，但与理论值偏差较大，履带实际转向中履带滑转和滑移是不可忽略的，在后续研究中需进一步试验和理论研究。

表 5.4　履带底盘转向半径试验与仿真对比

工作地形	张紧弹簧压缩量/mm	试验转弯半径/mm	仿真转弯半径/mm	仿真误差/%
闲置荒地 （重黏土）	21	325	265	22
	42	220	200	10
	63	205	180	14

3. 越障性能试验

玉米行间土壤受播种方式、植株长势、雨涝冲刷等影响高低不平，因此履带底盘越障能力为本机的重要考核指标。试验包括爬坡试验、垂直越障试验、跨壕沟试验。路面类型为耕作土壤，通过人工挖掘、堆积障碍，为进一步测试履带底盘越障性能，选择固定障碍如楼梯台阶、水泥斜坡等进行越障试验等，如图 5.32 所示。

(a) 履带底盘爬坡试验

(b) 履带底盘爬水泥斜坡试验

(c) 履带底盘垂直越障试验

(d) 履带底盘越壕沟试验

图 5.32　越障性能试验

由数据可知履带自走式热雾机电动底盘实际越障能力如下：①越垂直障碍、越壕沟试验数据最大分别为 150mm 和 380mm，满足田间作业需求；②爬坡试验从30°～45°之间均进行了梯度测试，在 40°时仍然可以较稳定通过，超过 40°容易发生翻车现象；③底盘原地转向转弯半径为 220mm 左右，能够适应田间作物生长环境下的转弯、掉头作业。

5.5　本章小结

（1）开展了秸秆还田环境下玉米中后期的植保机械设计，依据农艺要求设计了履带植保机械的三维模型，开展了动力学仿真分析。

（2）建立了履带式双电机驱动模式下的植保机械控制系统模型，开展了基于滑模变结构方法的控制策略设计和轨迹跟踪控制联合仿真；最后开展了部分性能试验，验证了所设计的履带植保机械能够适应玉米等作物的植保作业环境。

参 考 文 献

[1] 王品品.履带自走式热雾机电动底盘的设计与试验研究[D]. 合肥：安徽农业大学,2016.

[2] Chen L Q, Wang P P, Zhang P, et al. Performance analysis and test of a maize inter-row self-propelled thermal fogger chassis[J]. International Journal of Agricultural and Biological Engineering,2018,11(5): 100-107.

[3] Li Z Q, Chen L Q, Zheng Q, et al. Control of a path following caterpillar robot based on a sliding mode variable structure algorithm[J]. Biosystems Engineering, 2019, 186:293-306.

[4] Gu Y L, Li Z Q, Zhang Z, et al. Path tracking control of field information-collecting robot based on improved convolutional neural network algorithm[J]. Sensors, 2020, 20(3): 797.

第6章　玉米行间导航路径设计

履带自走式热雾机通过传感器采集到点云数据或图像信息，并对采集到的点云数据或图像信息进行处理，拟合出导航路径，实现自主导航。本章以激光雷达为例，介绍自走式热雾机导航算法设计。首先介绍了常见点云数据聚类的算法；接着提出了适用于玉米等高秆作物环境的改进 K-Means 聚类算法，利用 RANSAC（Random Sample Consensus，随机抽样一致）算法搭建了作物环境模型，并基于最小二乘法生成导航路径；最后通过验证试验，证明所设计的导航控制算法能够适应玉米行间自主行走的作业需求。

6.1　激光雷达点云数据聚类

6.1.1　点云数据聚类算法介绍

所谓"物以类聚"，就是把相似性大的数据聚集为一个类型，并在特征空间里占据一个局部区域，每个局部区域形成一个聚类中心，并以这些聚类中心代表样本类型。例如，激光雷达输出的点云数据是一些表示距离值的数据，每个数据之间看似毫无关联，实际上可根据数据间距离值的不同划分为不同的簇，每个簇都有一个聚类中心。而在划分类的过程中，聚类分析是数据发掘的一个重要手段。

在聚类算法中，根据对象间相似度的计算方式和聚类结果中对象的关系，可以将聚类算法分为基于划分的方法、基于层次的方法、基于密度的方法、基于网格的方法和基于模型的方法。下面首先介绍几种方法的特点。

（1）基于划分的聚类方法。

基于划分的聚类方法有 K-Means 算法、K-mediods 算法和 CLARANS 算法等，其中以 K-Means 算法最为经典。K-Means[1]算法根据数据间的距离值将给定的样本数据划分成 k 个簇，在 k 个簇内通过比较每个数据的距离值大小搜索出每个簇内的聚类中心。K-Means 算法简单且聚类中心的搜索速度快，该算法的时间复杂度大约是 $O(nkt)$，其中，n 是所有对象的数目，k 是簇的数目，t 是迭代的次数，通常 $k \ll n$。

（2）基于层次的聚类方法。

基于层次的聚类方法有 DIANA（Divisive Analysis）算法、BIRCH（Balanced Iterative Reducing and Clustering using Hierarchies）算法和 Chameleon 算法等，代表性的算法有 DIANA 算法[2]，该算法属于分裂式分层，采用自顶向下分层策略。采用按照某种分类的方法（比如最大的欧氏距离）逐渐细分为越来越小的簇，直到达到某个终结条件（簇数目或者簇距离达到阈值）。DIANA 算法的时间复杂度为 $O(tn^2)$，t 为迭代次数，n 为样本点数。该算法的缺点是分裂点不易确定，不适用于大数据样本且算法执行效率较低。

（3）基于密度的聚类方法。

基于密度的聚类方法根据数据密度的大小对数据样本进行划分，密度区域高的数据分类成簇，密度区域低的数据作为噪声点和孤立点处理。在基于密度的聚类算法中最经典的算法是 DBSCAN 算法[3]，该算法的缺点是领域半径 ε 和密度阈值 MinPts 对密度点的确定较为敏感，选取不同的领域半径 ε 和密度阈值 MinPts 对聚类效果有较大的影响：当数据密度较低时，聚类效果差；当样本数据容量变大时，聚类收敛时间就会变长。

（4）基于网格的聚类方法。

基于网格的聚类方法采用分层或递归等划分方式将数据输入对象的空间区域划分成矩形单元，并搭建父级、子级网络单元，构成不同层网络单元，对应不同分辨率的网络结构。常见的基于网格的聚类算法有 STING 算法和 CLIQUE 算法等，其中以 STING 算法最为经典。STING 算法的优点在于算法执行效率高，时间复杂度小，有利于增量更新和并行处理。缺点是如果底层单元粒度较细，则算法时间复杂度变大；如果底层单元粒度较粗，则聚类效果较差。

（5）基于模型的聚类方法。

基于模型的聚类方法通过给样本数据聚类提供一个假定的模型，然后根据假定的模型在样本数据内搜索符合这个假定模型的数据集[4]。基于模型的聚类方法有最大期望值法（Expectation Maximization，EM）、COBWEB 算法和自组织映射（Self-organizing Maps，SOM）算法。这类算法的执行效率不高，时间复杂度较大，若假定的模型选取不恰当，则会造成样本数据聚类效果较差。

6.1.2　传统 K-Means 聚类算法

K-Means 聚类算法由 Steinhaus、Lloyd、Ball、Hall 和 McQueen 等学者分别在各自的科学研究领域内独立提出的。自从 K-Means 聚类算法提出后，目前已在不同学科领域中得以运用，在其基础上优化并衍生出其他的一些算法，如 K-Means++、elkan K-Means、Mini Batch K-Means 等。

K-Means 是一种迭代求解的聚类分析算法，其方法是随机选取 k 个对象（点）作为初始的聚类中心，然后计算其他对象（点）与各个聚类中心之间的距离，把每个对象（点）分配给距离它最近的聚类中心。聚类中心以及分配给它们的对象（点）就代表一个聚类。各个聚类被分配完后，其聚类中心会根据聚类中现有的对象（点）被重新计算。这个过程将不断重复直到满足某个终止条件。终止条件可以是没有（或最小数目）对象被重新分配给不同的聚类，没有（或最小数目）聚类中心再发生变化，误差平方和（Sum of Squares Error，SSE）局部最小。

6.1.3　改进 K-Means 聚类算法

K-Means 聚类算法可以从初始 k 值的选取、初始聚类中心点的选取、距离和相似性度量、离群点的检测和去除等方面进行优化和改进。由于算法的实际应用环境不同，可能需要从不同的方面改进 K-Means 聚类算法，以便达到算法的最优化。本章提出的改进 K-Means 聚类算法是根据履带自走式热雾机在行间行走时，激光雷达不断地扫描履带自走式热雾机周围的农作物得到距离点云数据，以左右两行农作物作为划分两个类簇的依据，对传统 K-Means 聚类算法进行优化。下面是本章在传统 K-Means 聚类算法的基础之上改进的具体内容。

1）初始 k 值的选取

K-Means 聚类算法对于初始 k 值的选取较为敏感，选取不同的 k 值可能会导致不同的聚类结果。在本章提出的改进 K-Means 聚类算法中，初始 k 值选取为 2，是根据履带自走式热雾机在行间行走的过程中，将机器人左右两边的农作物划分成两个类簇，作为初始 k 值选取的依据。

2）初始聚类中心点的选取

传统 K-Means 聚类算法对于初始聚类中心点的选取是随机的，若选取离群点作为初始聚类中心点，则会造成聚类中心偏离预定位置，使得聚类效果较差，所以选取合适的初始聚类中心点以产生较好的聚类效果。

假设含有 n 个数据对象的样本数据集合 $A_0 = \left\{ a_j \middle| a_j \in \mathbf{R}^d, j = 1, 2, \cdots, n \right\}$，聚类个数为 k，$S_i (i = 1, 2, \cdots, k)$ 代表 k 个类簇集，$C(S_1)$，$C(S_2)$，$\cdots$，$C(S_k)$ 分别代表 k 个类簇的聚类中心。改进 K-Means 聚类算法的实现步骤如下。

（1）从样本数据集 A_0 中，初始 k 值选取为 2 个，初始聚类中心记作：$C(S_1)$ 和 $C(S_2)$。

（2）在坐标轴 I、II 象限内，分别构建长为 50cm、宽为 15cm 的矩形框；第 I 象限内矩形框的四个顶点坐标分别为(40, 20)、(55, 20)、(55, 70)、(40, 70)；

第 II 象限内矩形框的四个顶点坐标分别为(−40, 20)、(−55, 20)、(−55, 70)、(−40, 70)。

（3）分别在两个矩形框内搜索横坐标的绝对值最小的数据对象，搜索结果作为初始聚类中心 $C(S_1)$ 和 $C(S_2)$。

（4）利用欧氏距离公式，计算数据对象到聚类中心 $C(S_1)$、$C(S_2)$ 的欧氏距离：

$$d_{ij}\left(a_i, C\left(S_j\right)\right) = \sqrt{\sum_{i=1}^{n}\left(a_i - C\left(S_j\right)\right)^2}, i = 1, 2, \cdots, n; \ j = 1, 2$$

（5）根据步骤（4）得到的欧氏距离值作为相似性度量标准，对样本数据集进行划分：若 $d_{ij}\left(a_i, C\left(S_j\right)\right) < d_{in}\left(a_i, C\left(S_n\right)\right)$，$j \neq n$，则将数据对象 a_i 划分到类簇 S_j 中。

（6）利用均值公式计算每个类簇中所包含数据对象的均值，并将计算结果作为该类簇的新聚类中心，记作 $C(S_i)'$：

$$C\left(S_i\right)' = \frac{1}{n_i} \sum_{S_j \in A} S_j$$

式中，n_i 是以 $C(S_j)$ 为聚类中心的对象个数。

（7）计算聚类的误差平方和，即每个类簇内的数据对象与其聚类中心的距离平方和。

$$S_E = \sum_{i=1}^{k} \sum_{P \in S_i} \left| P - C\left(S_i\right)' \right|^2$$

式中，P 是样本数据集的数据对象。

（8）判断聚类的误差平方和是否收敛，如果收敛，则算法终止，返回最佳聚类中心；否则将坐标轴 I、II 象限内的矩形框沿 x 正半轴或负半轴方向水平移动 10cm，并重复上述（3）～（7）步骤，直到聚类的误差平方和收敛。

改进 K-Means 聚类算法实现的流程图如图 6.1 所示。

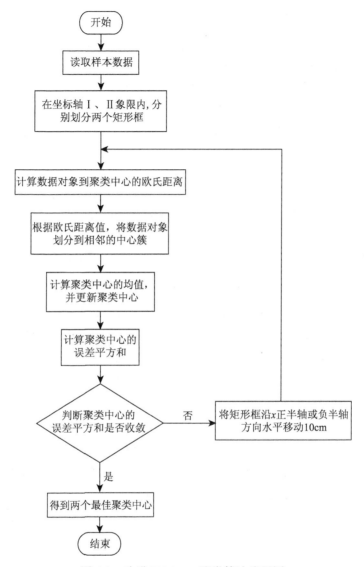

图 6.1　改进 K-Means 聚类算法流程图

6.2　导航路径拟合方法

由于在履带自走式热雾机的实际应用环境中,存在杂草、倒伏庄稼等未知因素。因此,激光雷达点云数据通过 K-Means 聚类算法得到的聚类中心可能包含上述因素。若采用传统建模方法,存在参数易跳变、鲁棒性较差等问题,所以本章采用 RANSAC 算法进行环境模型搭建。

6.2.1　RANSAC 算法介绍

RANSAC 是一种经典的模型鲁棒估计算法。它可以从一组包含 "局外点" 的样本数据中，通过迭代方式估计数学模型的参数，而局外点是由噪声、测量误差等原因造成的异常数据。RANSAC 算法的核心思想是随机性和假设性，所谓的随机性就是根据正确出现的概率随机选取样本数据，根据大数定律，随机模拟出近似的正确结果；而假设性是假设选取的样本数据为正确数据，用样本数据去验证模型，并验证其他数据，再对这次结果进行评价[5]。

RANSAC 算法的优点在于它能够从含有大量 "局外点" 的样本数据中，估计出较高精度的模型参数，缺点在于它计算模型参数的迭代次数没有上限，如果设置迭代次数的上限，则最终得到的结果可能不是最优的结果。

RANSAC 算法目前被广泛应用在计算机视觉和数学等领域中，如计算图像或点云间的变换矩阵、2D 特征点匹配、3D 点云匹配及直线拟合等。

6.2.2　基于 RANSAC 算法的环境模型搭建

为了能准确地搭建出自走式热雾机在玉米田间自主导航行走的环境模型，本章在课题组前期研究的基础上[6-8]，采用 RANSAC 算法搭建玉米作物的环境模型，该模型的样本数据来自 6.1 节由改进 K-Means 算法得到的作物行聚类中心，即 $C(S_1)$ 和 $C(S_2)$，其中 $C(S_1)$ 的横坐标记作 $L_{C(S_1).x}$，$C(S_2)$ 的横坐标记作 $R_{C(S_2).x}$；模型的未知参数为左右两行作物的有效点，分别记作 L_P 和 R_P，其中 L_P 的横坐标为 $L_{P.x}$，R_P 的横坐标为 $R_{P.x}$。

本章 RANSAC 算法搭建的环境模型是通过计算 $L_{C(S_1).x}$ 与 $R_{C(S_2).x}$ 的差值，与实际玉米田的行间距进行比较，得到该模型的未知参数，算法实现的步骤如下。

（1）计算 $L_{C(S_1).x}$ 与 $R_{C(S_2).x}$ 的差值 d，记为模型 M。

（2）比较 d 的大小范围，判断由改进 K-Means 算法得到的两个聚类中心 $C(S_1)$ 和 $C(S_2)$ 是模型 M 的 "局内点"，还是模型 M 的 "局外点"。

（3）如果为 "局内点"，则保存当前模型 M 的未知参数；若是 "局外点"，则舍弃，并计算左右聚类中心点的矫正值 L_d 和 R_d，得到 $L_{P.x}$ 和 $R_{P.x}$，同时更新迭代次数 K。

（4）如果迭代次数大于 K，则退出算法循环，否则迭代次数加 1，并重复上述步骤。

"局外点" 产生的示意图如图 6.2 所示。当激光雷达在包含缺苗、植株倒伏或杂草等因素的环境中应用时，将导致 "局外点" 产生。

关于 "局内点" 与 "局外点" 的判断，以及 "局外点" 如何转换成 "局内点" 的方法如下。

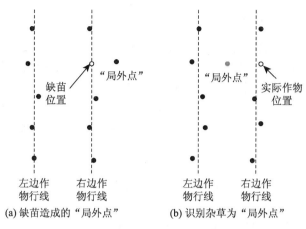

(a) 缺苗造成的 "局外点"　　　(b) 识别杂草为 "局外点"

图 6.2　"局外点" 产生示意图

（1）若 $60 \leqslant d \leqslant 140$，则 $L_{C(S_1).x}$ 与 $R_{C(S_2).x}$ 为 "局内点"，符合环境模型，为左右两行作物的有效点，即 $L_{C(S_1)}$ 为 $L_{P.x}$，$R_{C(S_2)}$ 为 $L_{P.x}$。

（2）若 $d > 140$，则 $L_{C(S_1).x}$ 或 $R_{C(S_2).x}$ 为 "局外点"，此时比较 $L_{C(S_1).x}$ 与 $L_{P.x}$ 和 $R_{C(S_2).x}$ 与 $R_{P.x}$ 的大小。

①若 $L_{C(S_1).x} > L_{P.x}$，则 $L_d = L_{P.x} - L_{C(S_1).x}$，否则 $L_d = L_{C(S_1).x} - L_{P.x}$。

②若 $R_{C(S_1).x} > R_{P.x}$，则 $R_d = R_{P.x} - R_{C(S_1).x}$，否则 $R_d = R_{C(S_1).x} - R_{P.x}$。

③比较 L_d 与 R_d 的大小，若 $L_d > R_d$，则 $L_{P.x} = R_{P.x} + 110$，否则 $L_{P.x} = R_{P.x} - 110$。

（3）若 $d < 60$，则 $L_{C(S_1).x}$ 或 $R_{C(S_1).x}$ 都为 "局外点"，使用 $L_{P.x}$ 替代 $L_{C(S_1).x}$，$R_{P.x}$ 替代 $R_{C(S_2).x}$。

本章利用 RANCAC 算法搭建的玉米作物环境模型示意图如图 6.3 所示。图中的圆圈代表玉米作物，矩形框表示激光雷达，玉米作物环境模型的示意图实际上表示的是玉米作物在局部坐标系下的位置关系，为导航路径的拟合做铺垫。

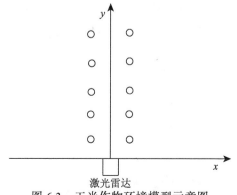

图 6.3　玉米作物环境模型示意图

6.2.3 基于最小二乘法的导航路径

自走式热雾机在行间实现自主导航，不仅要知道作物的位置，还要将作物的位置拟合成导航路径。本章沿着自走式热雾机行走的方向，提取出左右两行作物的中心点，利用最小二乘法进行拟合，得到导航路径。

最小二乘法的核心思想是利用最小化误差的平方和去寻找最佳匹配的函数，即一组数据为 (x_i, y_i)，其中 $i = 1, 2, \cdots, n$，假设拟合函数为 $f(x)$，则使误差的平方和 ε 最小，方程如下：

$$\varepsilon = \sum_{i=1}^{n} \left[y_i - f(x_i) \right]^2 \tag{6.1}$$

由式（6.1）可知，当 ε 求得最小值时，数据 (x_i, y_i) 与拟合函数 $f(x)$ 的差值平方和最小，此时函数 $f(x)$ 为该组数据的最佳匹配函数，下面是本章利用最小二乘法求得导航路径的过程。

本章求出导航路径的样本数据为 6.2.2 小节通过 RANSAC 算法得到的作物定位点，即假设 (x_i, y_i) 和 (x_j, y_j)，分别为自走式热雾机左右两行农作物的第 i 个点和第 j 个点的坐标，首先计算出第 i 个点和第 j 个点的中间点的坐标 (x_m, y_m)，计算公式如下：

$$\begin{cases} x_m = \dfrac{x_i + x_j}{2} \\ y_m = \dfrac{y_i + y_j}{2} \end{cases} \tag{6.2}$$

然后利用最小二乘法获得直线拟合函数，求出自走式热雾机的导航路径，假设直线拟合函数的方程为

$$y = k_2 x + b \tag{6.3}$$

式中，k_2 为直线拟合函数在 x 轴上的横坐标，b 为直线拟合函数在 y 轴上的纵坐标。将式（6.2）和式（6.3）代入式（6.1）中，可得

$$\varepsilon = \sum_{i=1}^{n} \left(y_m - k_2 x_m - b \right)^2 \tag{6.4}$$

式（6.4）分别对 k_2 和 b 求一阶偏导，化简得

$$\begin{cases} \dfrac{\partial \varepsilon}{\partial k} = -2 \left(\sum_{i=1}^{n} x_m y_m - b \sum_{i=1}^{n} x_m - b \sum_{i=1}^{n} x_m^{\,2} \right) \\ \dfrac{\partial \varepsilon}{\partial b} = -2 \left(\sum_{i=1}^{n} y_m - nb - k_2 \sum_{i=1}^{n} x_m \right) \end{cases} \tag{6.5}$$

在式（6.5）中，让 ε 分别对 k 和 b 的一阶偏导数等于零，得

$$\begin{cases} \sum_{i=1}^{n} y_m - nb - k_2 \sum_{i=1}^{n} x_m = 0 \\ \sum_{i=1}^{n} x_m y_m - b \sum_{i=1}^{n} x_m - k_2 \sum_{i=1}^{n} x_m^{\,2} = 0 \end{cases} \tag{6.6}$$

对式（6.6）求解，得

$$\begin{cases} k_2 = \dfrac{n \sum\limits_{i=1}^{n} x_m y_m - \sum\limits_{i=1}^{n} x_m y_m}{n \sum\limits_{i=1}^{n} x_m^{\,2} - \sum\limits_{i=1}^{n} x_m^{\,2}} \\[2em] b = \dfrac{\sum\limits_{i=1}^{n} y_m - \sum\limits_{i=1}^{n} x_m^{\,2} - \sum\limits_{i=1}^{n} x_m - \sum\limits_{i=1}^{n} x_m y_m}{n \sum\limits_{i=1}^{n} x_m^{\,2} - \sum\limits_{i=1}^{n} x_m^{\,2}} \end{cases} \tag{6.7}$$

将式（6.7）代入式（6.3）中即可求出导航路径，其中 n 表示由农作物环境模型得到的未知参数。

6.3　试　验　验　证

试验在安徽农业大学机电工程园的泥土地上进行，为模拟行间距为 0.75m、株距为 0.25m 的玉米行间环境，利用仿真玉米秆搭建出直线型和 L 型两种不同行走环境，其中 L 型行走环境在 5m 位置设置折弯，试验场景如图 6.4 所示。试验主要考察自走式热雾机的横向偏差。

(a) 直线型行走环境　　　　　　(b) L型行走环境

图 6.4　模拟田间环境的两种不同试验场景

（1）直线型行走环境。

自走式热雾机分别以 0.2m/s 和 0.4m/s 初始速度行走，表 6.1 为横向偏差统计结果，图 6.5 为行走距离与横向偏差关系图，其中，"+"表示偏移中心线左侧，"−"表示偏移中心线右侧。

由表 6.1 可知，当自走式热雾机分别以 0.2m/s 和 0.4m/s 初始速度行走时，最大偏差值分别为 12.75cm 和 13.5cm，最小偏差值分别为−0.25cm 和 0.25cm，平均偏差值分别为 4.39cm 和 5.26cm。从图 6.5 可以看出，两条曲线的变化趋势差异较小，自走式热雾机在直线环境下自主导航较为稳定，且两组试验的横向偏差值大多都偏向于中心线的左侧，可能是受到履带底盘机械系统结构的影响。

表 6.1　泥土地直线型环境下横向偏差结果统计

初始速度/(m/s)	最大偏差/cm	最小偏差/cm	平均偏差/cm
0.2	12.75	−0.25	4.39
0.4	13.5	0.25	5.26

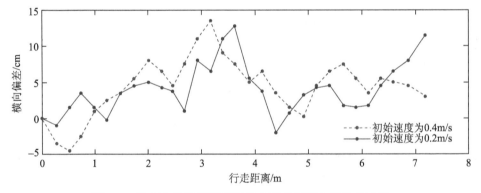

图 6.5　泥土地直线型环境下行走距离与横向偏差关系图

（2）L 型行走环境。

自走式热雾机分别以 0.2m/s 和 0.4m/s 初始速度行走，表 6.2 为横向偏差统计结果，图 6.6 为行走距离与横向偏差关系图。

表 6.2　泥土地 L 型环境下横向偏差结果统计

初始速度/(m/s)	最大偏差/cm	最小偏差/cm	平均偏差/cm
0.2	9.7	−0.25	4.15
0.4	11.5	0.5	4.3

由表 6.2 可知，当自走式热雾机分别以 0.2m/s 和 0.4m/s 初始速度行走时，最大偏差值分别为 9.7cm 和 11.5cm，最小偏差值分别为−0.25cm 和 0.5cm，平均偏差值分别为 4.15cm 和 4.3cm。从图 6.6 可以看出，行走距离在 0~5m 范围内，两条曲线

的横向偏差波动的范围较小，而当行走距离达到 5m 之后，横向偏差逐渐增大，表明 L 型行走环境下直线路径部分行走时其横向偏差值小于弯道部分行走的偏差值。行走距离在 5～9m 范围内，初始速度为 0.4m/s 的曲线其横向偏差变化幅度比初始速度为 0.2m/s 的曲线变化幅度大，且从整体上看，两条曲线波动均较为明显。

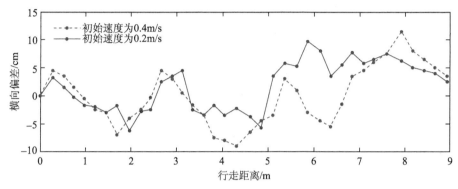

图 6.6　泥土地 L 型环境下行走距离与横向偏差关系图

6.4　本 章 小 结

本章主要对自走式热雾机的导航算法进行设计，首先介绍了常见点云数据聚类的算法；接着提出了适用于高秆作物环境的改进 K-Means 聚类算法；然后利用 RANSAC 算法搭建了作物环境模型，并基于最小二乘法生成导航路径；最后通过搭建试验环境开展了验证试验，证明所设计的导航控制算法能够适应玉米中后期行间自主行走的作业需求。

参 考 文 献

[1] 李真,汪沛,张青.树干与地面点云分类 K-means 方法的改进[J].东北林业大学学报,2019,47(1):41-46.

[2] 乔佳楠.基于二维激光雷达的无人运动平台环境感知方法研究[D].北京：北京理工大学,2016.

[3] 蔡怀宇,陈延真,卓励然,等.基于优化 DBSCAN 算法的激光雷达障碍物检测[J].光电工程,2019,46(7):83-90.

[4] 汤峥,宋余庆,刘哲.基于粒子群优化和 EM 算法的图像聚类研究[J].小型微型计算机系统,2015,36(7):1602-1606.

[5] 程向红,李俊杰.基于运动平滑性与 RANSAC 优化的图像特征匹配算法[J].中国惯性技术学报,2019,27(6):765-770.

[6]　杨洋,张博立,查家翼,等.玉米行间导航线实时提取[J].农业工程学报,2020,36(12):162-171.

[7]　宋宇,刘永博,刘路,等.基于机器视觉的玉米根茎导航基准线提取方法[J].农业机械学报,2017,48(2):38-44.

[8]　杨洋,张亚兰,苗伟,等.基于卷积神经网络的玉米根茎精确识别与定位研究[J].农业机械学报,2018,49(10):46-53.

第7章　玉米无人收获机设计与试验

智能农机装备的迅速发展，推动了农业机械的进步。玉米无人收获机作为未来收获机械的发展方向之一，近年来逐步引起国内外诸多学者的关注。本章将重点介绍如何在传统玉米收获机基础上实现无人操作。

7.1　无人收获机总体设计

玉米无人收获机总体技术框架如图 7.1 所示，无人驾驶系统采用分层控制技术框架，由感知层、决策层和执行层组成，采用 CAN 总线进行数据通信[1]。

（1）感知层主要用于收获机差分定位、环境感知和作业状态监测。

（2）决策层以工控机为计算模块，接收收获机作业环境和作业状态信息，规划作业路径并开展路径跟踪，决策收获机作业动作。

（3）执行层接收决策层动作决策指令，执行收获作业动作。

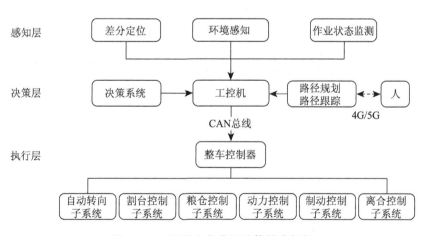

图 7.1　玉米无人收获机总体技术框架

7.2　玉米收获机线控转向系统设计

农业导航技术在农业智能化发展中占有重要地位，自动转向机构是导航系统关键执行环节，研发转向控制精度高、适用性广和价格低廉的自动转向系统是农机导航装备推广应用的关键[2]。

7.2.1　自动转向系统总体设计

研发的基于直流有刷电机与全液压转向器直联的电-液混合自动转向系统总体设计如图 7.2 所示，系统主要包括自动转向驱动电机、电磁离合器、蜗轮蜗杆减速器、自动转向控制器、无人/有人驾驶自动切换控制器、车轮角度传感器以及底盘转向液压系统。

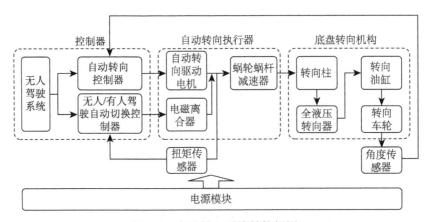

图 7.2　自动转向系统结构框图

自动转向驱动电机通过电磁离合器和蜗轮蜗杆减速器驱动转向柱，转向柱与全液压转器通过联轴器连接，实现车轮自动转向。转向电机由自动转向控制器控制，控制器输入信号为前轮期望转角和车轮角度传感器获取的车轮实时转角，输出量为控制电机的 PWM 方波信号。此外，无人/有人驾驶自动切换控制器还控制电磁离合器通断，实现人工驾驶/自动转向的自动切换。

7.2.2　转向装置的机械结构设计

人工转向控制和自动转向控制组成并联双驱动转向装置系统，如图 7.3 所示，主要由方向盘、转向柱、转向电机、电磁离合器、蜗轮蜗杆减速器、扭矩传感器和全液压转向器组成。转向柱上端与方向盘通过花键连接，下端和全液压转向器通过联轴器连接，实现驾驶员控制方向盘驱动全液压转向器。在转向柱中间安装蜗轮齿轮，转向电机经过电磁离合器与蜗杆连接，最终转向电机通过蜗轮蜗杆减速后驱动转向柱，实现车轮自动转向功能。

车轮转角测量是自动转向系统的重要组成部分，直接影响转向性能。车轮转角测量装置设计方案如图 7.4 所示，采用非接触式霍尔角度传感器测量车轮转向角度。

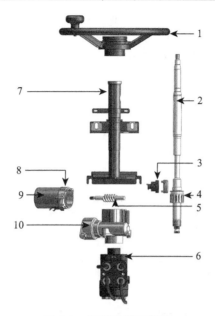

图 7.3　双驱动转向装置

1.方向盘；2.转向柱；3.扭矩传感器；4.蜗轮；5.蜗杆；6.全液压转向器；7.转向柱外壳；
8.电磁离合器；9.转向电机；10.传动齿轮外壳

图 7.4　车轮转角测量装置

1.角度传感器；2.柔性联轴器；3.车轮转向轴；4.定位支架；5.传感器信号线；6.车桥机体

　　传感器通过定位支架安装在收获机车桥机体上，传感器定位孔与支架通过螺栓固结，相对于车桥机体静止，传感器 D 型输出轴通过柔性联轴器与车轮转轴固结。柔性联轴器静态扭转刚度为 20N·m/rad，额定扭矩为 1N·m，而传感器启动扭矩小于 0.001N·m，因此选用的柔性传感器能够满足车轮转角信号的准确测量，不会产生转角误差。此外，柔性联轴器在铅垂方向弹性较小，可有效避免工作环境和机械振动等对传感器的影响，有效保护传感器和避免测量振动噪声干扰。

7.2.3　自动转向控制器硬件电路设计

1. 硬件电路总体设计

自动转向控制器硬件电路设计框架示意图如图 7.5 所示，主要由 STM32F103 RCT6 处理器、核心电路、电源电路、转向电机驱动电路、CAN 通信电路、车轮角度传感器采集电路、扭矩传感器采集电路、电磁离合器控制电路以及其他附属电路组成。

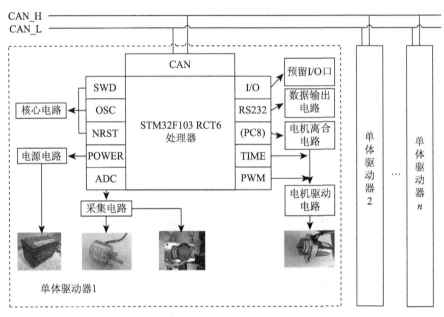

图 7.5　自动转向控制器硬件电路设计框架

STM32F103 RCT6 处理器负责控制器信息处理和数据运算，核心电路是处理器正常工作所需的基本电路[3]；电源电路为电磁离合器控制电路、电机驱动电路、CAN 通信电路，以及为车轮角度传感器、扭矩传感器和 STM32F103 RCT6 处理器供电电路；电磁离合器控制电路控制电磁离合器的开合，实现人工驾驶和自动驾驶的自动切换；电机驱动电路用于驱动直流有刷电机转动；CAN 通信电路用于上位机与下位机信息的交互、传感器信号的传输；传感器电路实时采集车轮转向角度与方向盘扭矩。

2. 处理器 I/O 分配

如图 7.6 是自动转向控制器 STM32F103 RCT6 处理器所用 I/O 分配图，使用了

ADC（模拟数字转换器）电压采集模块、定时器脉冲采集模块、PWM 波输出模块、CAN 通信模块、RS232 通信模块、高低电平输出等单片机内部资源。

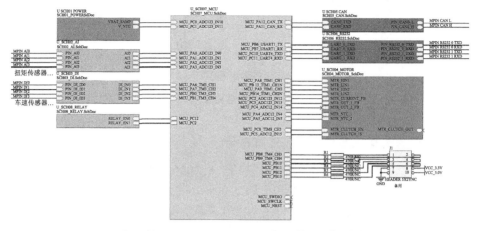

图 7.6　STM32F103 RCT6 处理器 I/O 分配图

3. 电源电路设计

自动转向控制器由车载 12V 蓄电池供电，根据各个模块电路对电压的需求设计控制器电源电路。如图 7.7 所示，将 12V 电压转换为 5V 和 3.3V 输出，并加入保护及滤波电路。

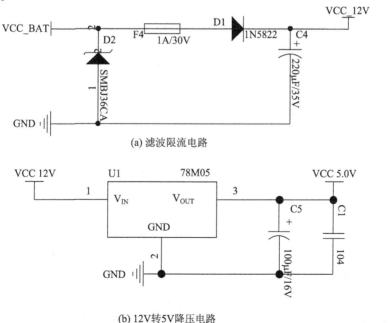

(a) 滤波限流电路

(b) 12V转5V降压电路

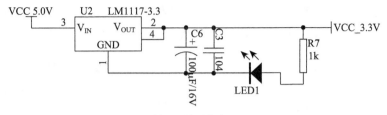

(c) 5V转3.3V降压电路

图 7.7　电源电路原理图

4. 传感器选型及其信号采集电路设计

车轮角度传感器如图7.8(a)所示，选用 LA-3006-5VV05 型非接触式霍尔角度传感器，输入电压5V，输出电压 0~5V，0°~360°无死角检测，线性精度 0.3%。角度传感器输出电压与车轮转向角度呈线性关系，标定结果如图 7.8(b)所示。传感器壳体采用 304 不锈钢加工制作，防护等级 IP67，适用于玉米收获机作业环境。

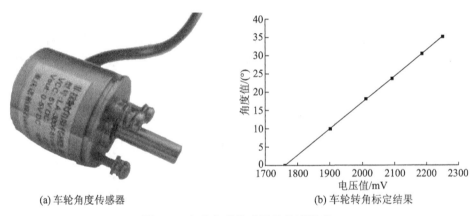

(a) 车轮角度传感器　　　　　　　　　(b) 车轮转角标定结果

图 7.8　车轮角度传感器及角度标定

如图 7.9 为实时监测驾驶员操纵方向盘状态的 QCG-N1IL-100 型扭矩传感器，输入电压 5V，通过检测扭转杆的扭转变形对外输出 0~5V 的电压信号。

角度传感器及扭矩传感器电压采集电路如图 7.10 所示，电压由 PIN_AI2 端口接入，输出端接单片机的 PA2 引脚进行 ADC 采集电压。

5. 电机驱动系统设计

电机控制系统主要由电机驱动电路、离合器驱动电路以及电机电流采样电路组成。自动转向驱动电机采用 12V 直流有刷电机，其具有高启动转矩、价格低廉、易于控制、响应迅速等优点，使得电机在低速时也能输出高扭矩，电机参数如表 7.1 所示。

图 7.9 扭矩传感器

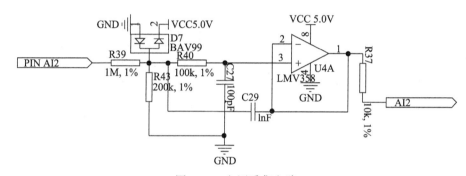

图 7.10 电压采集电路

表 7.1 直流有刷电机主要参数

参数	额定转速 /(r/min)	最大转矩 /(N·m)	额定功率 /W	额定电流 /A	额定电压 /V	蜗轮蜗杆 减速比	转向柱最 大扭矩 /(N·m)
值	1050	1.6	130	25	12	20.5:1	30

如图 7.11 所示，电机驱动电路采用由两个 IR2104 芯片构成的电机全桥驱动电路。IR2104 自带死区保护，MTR_HIN1 和 MTR_LIN1 接入 STM32F103 RCT6 高级定时器 TIM1 通道 1 引脚上。功率器件选用型号为 AP9990GH 的 N 沟道场效应管，耐压 60V，可过 100A 电流。

6. 安全性设计

由于电机在带载低速工作和堵转时，电机电流会比额定电流高 2 倍以上，因此需要加入电机电流检测电路实时检测当前电机电流。电机电流检测电路如图 7.12 所示，在全桥电路的 MOS（Metal-Oxide-Semiconductor，金属氧化物半导体）管源极串联一个 5mΩ 的采样电阻,将 MOS 管输出的电流信号转换为电压信号,经过运算放大电路将电压信号放大 51 倍,输出到单片机引脚进行 A/D 采集。

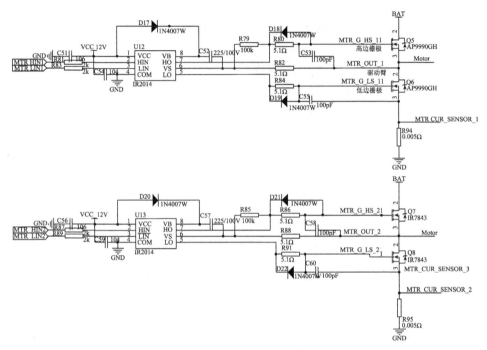

图 7.11　电机驱动电路

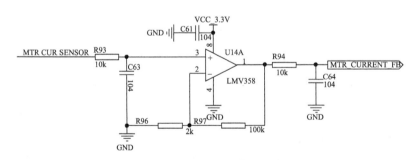

图 7.12　电机电流检测电路

为了防止控制器及电机驱动器因工作异常引起温度过高烧坏控制器,设计温度采样电路检测控制器的实时温度,检测电路如图 7.13 所示。通过板载 10kΩ 负温度系数热敏电阻与一个 10kΩ 电阻串联在 3.3V 的电路上,通过温度变化改变热敏电阻的阻值来获取不同电压值,实现板卡温度实时监测。

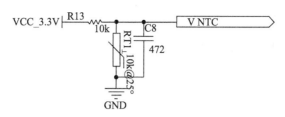

图 7.13　自动转向控制器温度采样电路原理图

7.2.4　CAN 通信协议与报文解析

根据转向控制系统多节点的要求，选用 CAN 总线通信方式作为自动转向系统的控制网络。数据传输使用 CAN 标准帧，并对八位数据字节进行了定义：Data|0|~Data|7|，具体定义解释如表 7.2 和表 7.3 所示。

表 7.2　物理层通信协议

发送端	接收端	ID	波特率
上位机	自动转向控制器	0X001	500Kbit/s
自动转向控制器	上位机	0X002	500Kbit/s

表 7.3　应用层通信协议

字节序号	内容	数据
Data|0|	工作模式	0：手动驾驶模式 2：自动驾驶模式
Data|1| Data|2| Data|3| Data|4|	保留	保留
Data|5| Data|6|	目标车轮转速/(°)	对应转角范围-40°（右）～40°（左），精确度0.1°
Data|7|	目标车轮转角转速/(rad/s)	输入范围 1～255，对应转速0.002rad/s～0.581rad/s

自动转向控制器接收上位机发出的 CAN 信息，并根据表 7.3 的定义进行解析。为了提高自动驾驶的实时性，设定 CAN 报文的收发速率为 50Hz/s。为了避免在自动驾驶时与上位机通信出现故障而产生危险问题，设定了超过 200ms 没有接收到CAN 报文，则退出自动驾驶模式，转换为人工驾驶模式，并发出警报。

7.2.5　自动转向精确控制算法

为了精准可靠的控制农机车轮转向，设计了考虑阿克曼转向角的车轮转角和转角速度双闭环控制算法。

1. 考虑阿克曼转向角的车轮转角控制

由于存在阿克曼转向角,挂载在右前轮的角度传感器测得的角度与实际角度存在偏差,因此设计考虑阿克曼转向角的转向角度控制算法。图 7.14 为收获机车轮阿克曼转向示意图,车轮左转时:

$$\theta_2 = \arctan\left[\frac{l_3}{\dfrac{l_3}{\tan\dfrac{\beta\pi}{180}} - \dfrac{L_2}{2}}\right]\frac{180}{\pi} \tag{7.1}$$

车轮右转时:

$$\alpha_2 = \arctan\left[\frac{l_3}{\dfrac{l_3}{\tan\dfrac{\beta\pi}{180}} + \dfrac{L_2}{2}}\right]\frac{180}{\pi} \tag{7.2}$$

式中,α_2 为右轮转向角;θ_2 为实际转向角;β 为左轮转向角;l_3 为收获机轴距;L_2 为车轮距。

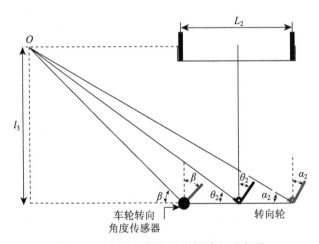

图 7.14　收获机车轮阿克曼转向示意图

2. 车轮转角闭环控制算法

为了精确控制车轮转角,采用位置式 PID 控制算法[4],算法方程为

$$O_{PID} = K_p \times e(k) + K_i \times \sum e(k) + K_d \times \left[e(k) - e(k-1)\right] \tag{7.3}$$

式中，O_{PID} 为输出值；K_p、K_i、K_d 分别为位置控制算法比例、积分和微分系数；$e(k)$ 为本次角度偏差；$e(k-1)$ 为上一次的角度偏差；$\sum e(k)$ 表示 $e(k)$ 以及之前的偏差累积和；k 为 $1,2,\cdots,n$。

　　以收获机底盘转向系统作为实验平台，综合考虑转向控制响应速度、控制精度、超调量等，对控制器进行 PID 参数整定，根据先比例后微分最后积分的原则，经过测试及调整，确定位置式 PID 控制算法中参数的最优值分别为 $K_p=45$、$K_i=0.015$、$K_d=0.001$。试验结果如图 7.15 所示，可看出车轮转向响应曲线平滑稳定的逼近目标角度，且超调量小于 1%，由于设定角速度值为 0.192rad/s，对应的转向响应时间为 3.6s。

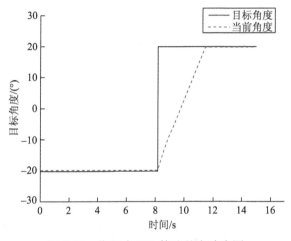

图 7.15　位置式 PID 算法整定响应图

3. 基于车轮转向角速度的自动转向精确控制

　　为了增加车轮转向的可控性，设计了基于车轮转向角速度控制的自动转向精确控制算法，流程如图 7.16 所示。上位机通过 CAN 总线定义车轮转向角速度，数据位定义为 Data|7|，由于 Data|7|为两位 16 进制的整型，十进制取值范围在 1～255，因此构建 Data|7|取值与车轮转速的映射关系，如式(7.4)所示。通过构建映射关系实现了车轮转向速度 255 级速度调控。

$$f(n) = \mathrm{round}(\lambda_2 n) \tag{7.4}$$

式中，round()为取整函数；n 为 CAN 通信中数据位 Data|7|取值，在 1～255 范围内取整数；λ_2 为映射系数，根据人工测试获取转向驱动电机额定最大转速工况下车轮转向角速度为 0.581rad/s，确定 λ_2 为 0.13。

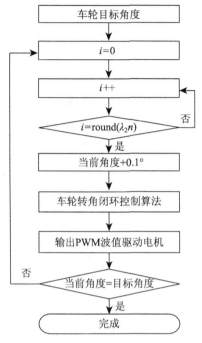

图 7.16　车轮转向角速度控制算法流程图

7.2.6　驾驶模式自动切换设计

1. 电磁离合器驱动电路

选择电机转轴集成电磁离合器的直流无刷电机,实现自动驾驶模式与人工驾驶模式自动切换功能设计。电磁离合器用来控制电机驱动力是否作用到蜗轮蜗杆,因此设计离合器驱动电路来控制离合器通断。如图 7.17 所示,前端为四个二极管设计

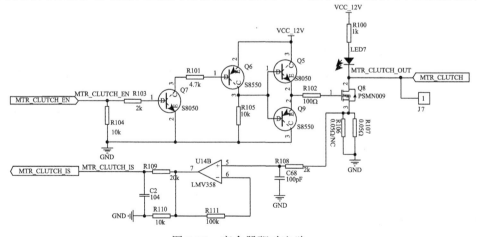

图 7.17　离合器驱动电路

的多级放大电路，用于驱动后端的 MOS 管的通断，进而来控制离合器的通断。电路下方为离合器电流检测电路，检测离合器驱动电路是否正常工作。

2. 驾驶模式逻辑设计

通过电磁离合器通断实现自动驾驶与人工驾驶的自动切换，控制逻辑如图 7.18 所示。扭矩传感器检测当前方向盘转动扭矩电信号值，在自动驾驶模式下，方向盘扭矩电信号值在极小范围内波动，未超过预设阈值，此时电机使能，电磁离合器闭合，电机作用于转向柱驱动全液压转向器，车轮自动转向；当驾驶员转动方向盘，方向盘扭矩电信号值超过预设阈值时，电机失能，离合器断开，电机驱动力不作用转向柱，退出自动驾驶模式，切换到人工驾驶模式。

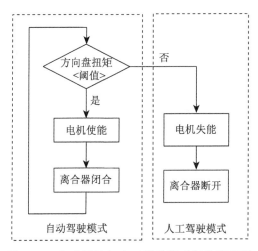

图 7.18　自动驾驶与人工驾驶模式切换流程图

方向盘扭矩电信号阈值大小是确定电磁离合器通断控制策略的关键，采集 10 名驾驶员操纵方向盘扭矩信号值，并统计方向盘扭矩控制阈值，试验结果如图 7.19 所示。驾驶员操纵方向盘产生的扭矩电压信号在-400mV～+400mV 范围内变化，自动驾驶模式下方向柱转动产生的扭矩电信号在-200mV～+200mV。基于试验结果和实车调试确定在自动驾驶模式下，方向盘扭矩电压信号小于-800mV 或大于+800mV 时，电磁离合器断开，自动切换到人工驾驶。

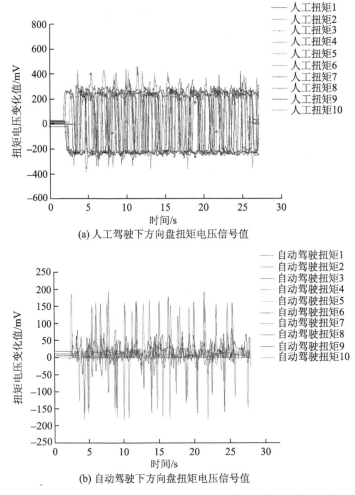

(a) 人工驾驶下方向盘扭矩电压信号值

(b) 自动驾驶下方向盘扭矩电压信号值

图 7.19　方向盘在不同情况下扭矩电压信号变化规律（见彩图）

3. 自动驾驶与人工驾驶模式自动切换试验

如图 7.20 是设定扭矩传感器电压信号阈值[-800, 800]状态下开展的由自动驾驶模式自动切换到人工驾驶模式的试验测试结果。图 7.20(a)为在自动驾驶模式下车轮当前转角、目标转角及当前扭矩电压信号值的变化情况，可看出在自动驾驶模式下，方向盘扭矩电压信号值在[-150, 150]范围内变化，没有超过程序设定的阈值，此时车轮在自动驾驶模式下平滑稳定的到达目标角度。图 7.20(b)为自动驾驶模式下受到了人工干预的工况，可看出当人为干预方向盘的时候，扭矩传感器接收到扭矩电压信号值超过设定阈值，此时自动驾驶模式自动快速切换到人工驾驶模式。自动驾驶与人工驾驶模式切换时间小于 20ms，可以有效预防农机在田间作业时遇到的紧急情况。

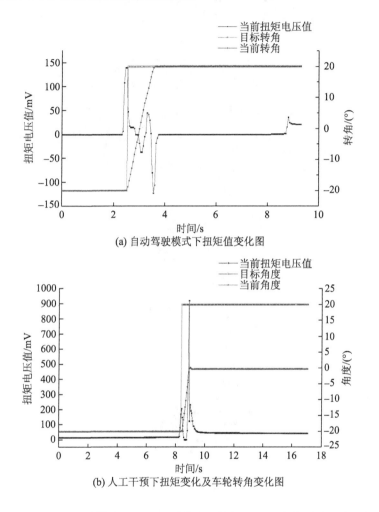

(a) 自动驾驶模式下扭矩值变化图

(b) 人工干预下扭矩变化及车轮转角变化图

图 7.20　自动驾驶模式及人工干预模式下的扭矩电压变化图（见彩图）

7.2.7　自动转向系统性能试验

如图 7.21 所示为自动转向控制系统整体加工实物图，其中图 7.21(a)是自动转向控制器电路板加工实物图，板卡上模块化集成了各个电路。图 7.21(b)是转向执行器加工总成实物图，由转向执行机构与塑料外壳组成，可以便捷地安装在现有的收获机上面。

(a) 自动转向控制器电路板实物图

(b) 转向执行机构关键部件加工

图 7.21　自动转向系统硬件加工实物图

1. 电机驱动电路；2. 板卡温度采集模块；3. 角度及扭矩信号采集模块；4. 信号及电源输入接口；
5. CAN 通信模块；6. 电源供电模块；7. 电机驱动 H 桥模块；8. 离合器驱动模块；9. 处理器芯片；
10. 下载模块

　　为了验证所设计的转向控制算法及电控转向执行机构能否有效地执行上位机下达的车轮转角指令，设计了车轮转向角度信号跟踪试验。以收获机底盘为试验平台，上位机以 50Hz 频率发出±20°阶跃控制信号，该信号考虑低、中、高车轮转向角速度工况，通过 CAN 通信网络下发到下位机转向执行机构，试验结果如图 7.22 所示。

不同车轮转向角速度设定工况下车轮转角跟踪试验表明：车轮转向角迅速且平滑稳定的转到目标转向角，转向响应时间如表 7.4 所示。

车轮转向角实时信号响应差值如图 7.23 所示，车轮目标转角从-20°～+20°变化过程中，图 7.23(a)、(b)与(c)分别为车轮转向角速度在低、中、高的三种工况下的角度响应跟踪误差值，最大稳态误差为 0.15°，超调量全部小于 1%，平均响应稳态误差值小于 0.1°。角度跟踪过程未出现明显振荡波形，说明转向系统具有良好的动态响应和控制稳定性。

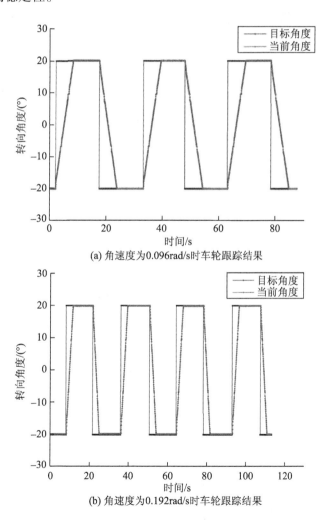

(a) 角速度为0.096rad/s时车轮跟踪结果

(b) 角速度为0.192rad/s时车轮跟踪结果

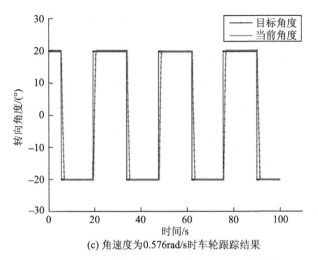

(c) 角速度为0.576rad/s时车轮跟踪结果

图 7.22　角速度控制算法测试响应图（见彩图）

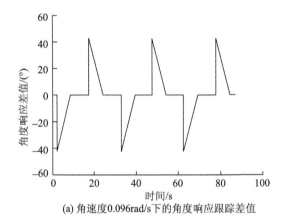

(a) 角速度0.096rad/s下的角度响应跟踪差值

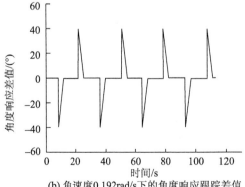

(b) 角速度0.192rad/s下的角度响应跟踪差值

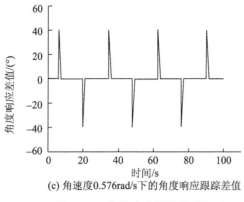

(c) 角速度0.576rad/s下的角度响应跟踪差值

图 7.23　角度响应跟踪差值

表 7.4　试验结果统计

转向命令	转向响应时间/s	超调量/%
角度=±20°　角速度= 0.096rad/s	7.2	0.39
角度=±20°　角速度=0.192rad/s	3.6	0.70
角度=±20°　角速度=0.576rad/s	1.2	0.62

7.3　基于北斗的收获路径规划及路径跟踪

7.3.1　北斗定位

北斗卫星导航是我国自主研发的导航系统，在进行定位时，地面接收机会同时对四颗轨道卫星进行观测，并解算出观测点位姿。

北斗的定位设备主要有移动站和基准站，基准站固定在空旷位置。移动站安装在收获机驾驶室顶部，移动站接收机接收卫星信息和基站信息后实时解析出底盘当前位姿。北斗的数据类型如下所示。

（1）#HEADINGA, ICOM2,0,63.0, FINE, 2046, 458706.000, 243751, 33, 18, SOL_COMPUTED, NARROW_FLOAT, 1.3035, 89.6393, 36.3885, 0.0000, 55.3611, 97.5243, "999", 20,12,12,8,3, 00, 0, f3*82c553f4。

（2）$GPGGA, 072448.00,3642.23085003, N,11708.94358450, E, 5, 13, 1.1, 44.6024,　M, 0.0000,　M, 03,　0000*65。

（3）$GNVTG, 266.926, T, 273.232, M, 0.01083, N, 0.02005, K, D*3F。

技术参数见表 7.5，由表可知北斗能够提供所需的高精度导航数据，如经度、纬度、海拔高度、速度、俯仰角、航向角等[5]。

表 7.5　北斗技术参数表

字段	数据描述	字段	数据描述
$GPGGA	Log 头	#HEADINGA	Log 头
utc	位置对应的 UTC 时间	sol stat	解状态
lat	纬度	postype	位置类型
lat dir	纬度方向	length	基线长
lon	经度	heading	航向
lon dir	经度方向	pitch	俯仰
GPS qual	GPS 状态指示符	Reserved	保留
#sats	使用中的卫星数	hdgstddev	航向标准偏差
hdop	水平精度因子	ptchstddev	俯仰标准偏差
alt	天线高度	stnid	基站 ID
a-units	天线高度单位	#SVs	跟踪的卫星数
undulation	大地水准面差距	#solnSVs	使用的卫星数
u-units	大地水准面差距单位	#obs	截止高度角以上的卫星数
age	差分数据龄期	#multi	截止高度角以上有 L2 观测卫星数
stn ID	差分基站 ID	ext sol stat	扩展解状态
*xx	校验和	sig mask	信号掩码
[CR][LF]	语句结束符		
xxxx	32 位 CRC 校验		

7.3.2　玉米收获全局路径规划

玉米收获路径是由经度/纬度点构成的,用户输入收获宽度、收获机底盘运动学特性以及地块边界地理位置信息后,自动生成一系列由经度/纬度点集构成的收获路径。

现有的农机作业路径规划大多数采用图 7.24 所示的方式遍历作业区域,通过北斗移动定位系统确定田块边角的经度纬度坐标 A_a、B_b、C_c、D_d,计算田块宽度 B 和长度 H。根据收获底盘转向性能计算出地头转向区域宽度 b_3,和起始行与田块边界距离 b_2。基于此计算出无人收获作业区域标志经度/纬度点 A、B、C 和 D,最后计算出无人作业区域的宽度 B_5 和长度 H_5。

在无人作业区域内,确定首行收获位置 start1 = (lon1, lat1) 和末行收获位置 end = (lon2, lat2)。根据收获机割台宽度确定作业幅宽 b_1,依此计算玉米田间作业行数量 s,并开展作业路径的遍历。

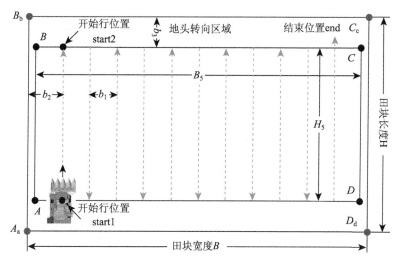

图 7.24 收获作业路径规划

针对图 7.24 全局作业路径规划策略，通常采用图 7.25 的 "梨型" 方式进行田间调头，农机作业路径换行需要转向 180°，多用于拖拉机无人耕播、植保机无人植保地头转向。对于玉米无人收获，待收获的玉米田无法预留出足够的区域提供收获机地头转向。

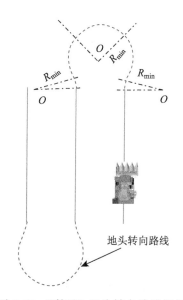

图 7.25 "梨型" 地头转向路线规划

在此基础上改进路径规划策略，提出"回"型路径规划策略，如图 7.26 所示。假设农田形状为四边形，在进行全局路径规划前，采用北斗移动定位系统确定田块边角的经度纬度坐标 A_a、B_b、C_c、D_d，计算田块宽度 B 和长度 H。根据收获机底盘转向性能计算出收获机转弯半径，并且让起始行与田块边界距离等于收获机转弯半径 b_1，基于此计算出无人收获作业区域标志经度纬度点 A、B、C 和 D。

根据 A 和 B 点坐标得到收获长度 l_1，B 点和 C 点坐标得到收获长度 l_2，结合收获机割台宽度确定作业幅宽 b_2，依此计算收获机田间作业转圈数量 s：

$$s = \min \begin{cases} \mathrm{INT}\left(l_1 / (2b_2)\right) \\ \mathrm{INT}\left(l_2 / (2b_2)\right) \end{cases} \tag{7.5}$$

式中，INT 为取整函数。

根据 A、B、C、D 四点位置坐标、收获机田间作业转圈数量 s 和收获机转弯半径 b_1 规划全局收获路径，并自动生成路径跟踪点经度/纬度坐标集合。

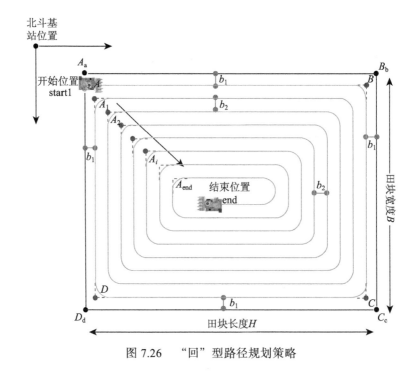

图 7.26　"回"型路径规划策略

玉米田间作业第 n 圈的 A_n 点可以根据 A 点坐标、两点之间距离 d_A 以及以 A 点为基准 A_n 点的正北角 θ_A 来确定。其中：

$$d_A = \sqrt{\left[b_1 + (n-1)b_2\right]^2 + (nb_2)^2} \qquad (7.6)$$

$$\theta_A = \frac{\pi}{2} - \arctan\left(\frac{nb_2}{b_1 + (n-1)b_2}\right) \qquad (7.7)$$

同理，可得 B_n 和 B、C_n 和 C、D_n 和 D 的距离 d_t 及其正北角 θ_t：

$$d_t = \sqrt{2}nb_2, \quad t = B, C, D \qquad (7.8)$$

$$\theta_t = \begin{cases} -\dfrac{3}{4}\pi, & t = B \\[2mm] -\dfrac{1}{4}\pi, & t = C \\[2mm] \dfrac{1}{4}\pi, & t = D \end{cases} \qquad (7.9)$$

后面依次进行规划，就可以得到整个"回"型全局路径规划图。

转向位置路径规划如图 7.27 所示，根据 B 点坐标以及 B_1 与 B 点的距离和 B 点正北角 θ 确定 B_1 点和 B_2 点的坐标，然后在 B_1 和 B_2 点之间规划 $\frac{1}{4}$ 光滑圆弧，其中 B_o 表示此处粗虚线圆弧的圆心。

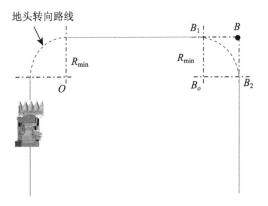

图 7.27　转向路径规划

7.3.3　局部避障路径规划

对于农田中出现静止的障碍物，如电线杆、电塔桩、树木等，在玉米无人收获路径规划过程中需要绕过障碍物，然后回到原有作业路线，因此提出基于贝塞尔曲线的局部避障路径规划。

　　1. 基于贝塞尔曲线的避障路径规划

　　贝塞尔曲线是一种广泛应用于计算机造型中图形曲线的表达方法,通过一组特征多边形的控制点确定曲线的形状,改变顶点的位置就会改变曲线的形状。给定空间 $n+1$ 个控制点 p_i($i = 0, 1, 2, 3, \cdots$),可以得到 n 阶贝塞尔曲线[6],表达式为

$$B(t) = \sum_{i=0}^{n} p_i (1-t)^{n-i} t^i \qquad (7.10)$$

　　在规划局部避障路径时,综合考虑曲线轨迹的复杂性以及收获机底盘性能,采用前后对称的两段三阶贝塞尔曲线规划局部避障路径,如图 7.28 所示。线上各点的横坐标为经度,纵坐标为纬度。其中 p_0 点为收获机局部避障路径的起点,p_3 为农机避障路径的中间点,p_6 为农机局部避障路径的终点,而且 p_6 和 p_0 点都在全局规划路径上。

　　由于避障路径两侧对称,因此三阶贝塞尔曲线只需要 4 个控制点,分别设为 p_0, p_1, p_2, p_3。根据贝塞尔曲线定义,p_0 和 p_3 点分别为三阶贝塞尔曲线的起点与终点,其中,起点 p_0 处的切线为线段 $p_0 p_1$,终点 p_3 处的切线为线段 $p_2 p_3$。控制点 p_1, p_2 位置不同,曲线形状不同,几何描述如图 7.29 所示,表征公式为

$$p_t = (1-t)^3 p_0 + 3t(1-t)^2 p_1 + 3t^2 (1-t) p_2 + t^3 p_3 \qquad (7.11)$$

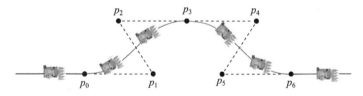

图 7.28　局部避障路径规划示意图

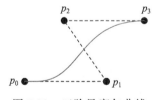

图 7.29　三阶贝塞尔曲线

　　对贝塞尔曲线公式进行求导,可得一阶导数为

$$p_t' = 3(p_3 - 3p_2 + 3p_1 - p_0)t^2 + 2(3p_2 - 6p_1 + 3p_0)t + 3(p_1 - p_0) \qquad (7.12)$$

二阶导数为

$$p_t'' = 6(p_3 - 3p_2 + 3p_1 - p_0)t + 6(p_2 - 2p_1 + p_0) \tag{7.13}$$

2. 多约束条件下避障路径曲线确定

由于贝塞尔曲线形状完全由控制点的位置确定，避障路径曲线的确定就是求控制点坐标。已知路径起始点 p_0、中心目标点 p_3 的经纬度坐标，求解坐标点 p_1 和 p_2，得到避障路径。设 $p_0 = [\text{lon}_0, \text{lat}_0]$，将其由球坐标转换为直角坐标系坐标的过程 如下：

$$\begin{cases} x_0 = r \cdot \cos(\text{lat}_0) \cdot \cos(\text{lon}_0) \\ y_0 = r \cdot \cos(\text{lat}_0) \cdot \sin(\text{lon}_0) \end{cases} \tag{7.14}$$

式中，r 为地球半径，可得

$$p_1 = \begin{bmatrix} \text{lon}_1 \\ \text{lat}_1 \end{bmatrix} = \begin{bmatrix} \arccos \dfrac{x_0 + l_1 \cdot \cos\partial}{\sqrt{x_0^2 + y_0^2 + l_1^2}} \\ \arccos \dfrac{\sqrt{x_0^2 + y_0^2 + l_1^2}}{r} \end{bmatrix} \tag{7.15}$$

$$p_2 = \begin{bmatrix} \text{lon}_2 \\ \text{lat}_2 \end{bmatrix} = \begin{bmatrix} \arccos \dfrac{x_3 + l_2 \cdot \cos\partial}{\sqrt{x_3^2 + y_3^2 + l_2^2}} \\ \arccos \dfrac{\sqrt{x_3^2 + y_3^2 + l_2^2}}{r} \end{bmatrix} \tag{7.16}$$

式中，∂ 为收获机在 p_0 点的速度方向与水平方向的夹角，l_1、l_2 分别为 p_1、p_2 点和 p_0、p_3 之间的距离，(x_0, y_0)、(x_3, y_3) 分别为 p_0、p_3 点在直角坐标系下的坐标。从 p_1、p_2 点表达式可以看出，曲线路径参数化表示只与 l_1 和 l_2 有关。

贝塞尔曲线首末端点处的一阶导数、二阶导数分别为

$$\begin{cases} p_0' = 3(p_1 - p_0) \\ p_3' = 3(p_3 - p_2) \end{cases} \tag{7.17}$$

$$\begin{cases} p_0'' = 6(p_0 - 2p_1 + p_2) \\ p_3'' = 6(p_1 - 2p_2 + p_3) \end{cases} \tag{7.18}$$

根据车辆运动学规律，计算避障路径曲率

$$k = \frac{1}{R} = \frac{\tan\beta}{l_3} = \frac{x'y'' - x''y'}{\left(x'^2 + y'^2\right)^{\frac{3}{2}}} \tag{7.19}$$

式中，k_3 为避障路径曲率；R 为瞬时旋转半径；l_3 为前后轮的轴距；β 为等效转向

轮转角；　其他参数根据式（7.20）计算：

$$
\begin{cases}
x' = 3(x_3 - 3x_2 + 3x_1 - x_0)t^2 + 6(x_2 - 2x_1 + 3x_0)t + 3(x_1 - x_0) \\
y' = 3(y_3 - 3y_2 + 3y_1 - y_0)t^2 + 6(y_2 - 2y_1 + 3y_0)t + 3(y_1 - y_0) \\
x'' = 6(x_3 - 3x_2 + 3x_1 - x_0)t + 6(x_2 - 2x_1 + 3x_0) \\
y'' = 6(y_3 - 3y_2 + 3y_1 - y_0)t + 6(y_2 - 2y_1 + 3y_0)
\end{cases}
\tag{7.20}
$$

式中，(x_i, y_i) 为控制点 p_i 在 1980 西安坐标系下的直角坐标，其中 $i=0,1,2,3$。

根据行驶路径上任一点的曲率小于收获机底盘最小转弯半径的倒数，建立路径规划约束函数：

$$
k_3 = \frac{x'y'' - x''y'}{\left(x'^2 + y'^2\right)^{\frac{3}{2}}} \leqslant \frac{1}{R_{\min}}
\tag{7.21}
$$

式中，$R_{\min}$ 为农机最小转弯半径。

收获机在跟踪贝塞尔路径曲线时，等效转向车轮转角为

$$
\beta = \arctan\left(l_3 k_3\right)
\tag{7.22}
$$

当参数 l_1 以及 l_2 过小时，在首末端点附近，路径曲率变化较大，不利于跟踪，经过多次试验之后，选取经验值 l_1 以及 l_2 的最小值为 3.0m。

假设路径曲线在任意一点曲率为 $k(u)$，采用最优化的方法来求解满足约束条件的曲线参数，优化目标为

$$
\min k_{\max}\left(p_0, p_1, p_2, \cdots\right)
\tag{7.23}
$$

通过 l_1 以及 l_2 两个变量可以确定控制点的位置，从而确定了路径曲线上的所有离散序列点 $\{p_0, p_1, p_2, \cdots\}$，故该优化目标是优化参数 l_1 以及 l_2 使得路径的最大曲率最小，从而得到较为光滑的路径。

综上所述，基于贝塞尔曲线避障路径规划的非等式约束条件为

$$
\begin{cases}
k_3 = \dfrac{x'y'' - x''y'}{\left(x'^2 + y'^2\right)^{\frac{3}{2}}} \leqslant \dfrac{1}{R_{\min}} \\
\beta = \arctan\left(l_3 k_3\right) \leqslant \beta_{\max} \\
l_1 \geqslant 3000\text{mm} \\
l_2 \geqslant 3000\text{mm}
\end{cases}
\tag{7.24}
$$

等式约束条件为

$$\begin{cases} p_t = (1-t)^3 p_0 + 3t(1-t)^2 p_1 + 3t^2(1-t)p_2 + t^3 p_3 \\ p'_t = 3(p_3 - 3p_2 + 3p_1 - p_0)t^2 + 2(3p_2 - 6p_1 + 3p_0)t + 3(p_1 - p_0) \\ p''_t = 6(p_3 - 3p_2 + 3p_1 - p_0)t + 6(p_2 - 2p_1 + p_0) \\ \beta = \arctan(l_3 k_3) \\ V_1 = [p_0, p_1, p_2, p_3] \end{cases} \quad (7.25)$$

3. 仿真分析

选择遗传算法优化避障路径的控制点参数，以式（7.23）曲率最小为优化目标，以 l_1 以及 l_2 为待优化的变量，以式（7.24）、式（7.25）为约束条件，求得典型场景下收获机局部避障路径的贝塞尔曲线参数 l_1 以及 l_2。

路径仿真结果如图 7.30 所示，从结果可以得到结论：路径跟踪过程中横向误差全部小于 0.2m，符合农机曲线避障行驶要求。车轮转角都在 -0.3～0.4rad 之间。优化后车轮转角整体控制在较低水平，且变化平稳，没有显著突变，符合农机曲线避障行驶要求。

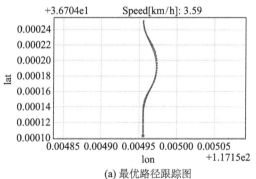

(a) 最优路径跟踪图

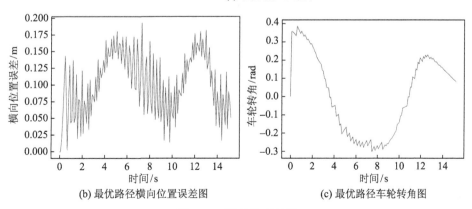

(b) 最优路径横向位置误差图　　　　　　　(c) 最优路径车轮转角图

图 7.30　路径仿真结果

7.4　收获机路径跟踪算法

采用纯追踪模型进行农机作业路径跟踪[7],针对纯路径追踪算法前视距离难以确定的问题,提出自适应前视距离控制方法。

7.4.1　收获机底盘运动学模型

玉米收获机的作业速度一般低于 8km/h,可采用运动学模型开展研究[8],将收获机底盘简化为两轮自行车模型(图 7.31)。

在惯性坐标系 XOY 内,由几何关系推导收获机底盘的运动学模型为

$$\begin{bmatrix} \dot{X}_f \\ \dot{Y}_f \\ \dot{\alpha} \end{bmatrix} = \begin{bmatrix} \cos\alpha \\ \sin\alpha \\ \dfrac{\tan\delta}{l_3} \end{bmatrix} v \qquad (7.26)$$

式中,(X_r, Y_r) 为收获机后轮车轴中心坐标,(X_f, Y_f) 为收获机前轮车轴中心坐标,α 为航向角,δ 为后轮转角,l 为轴距,v 为车辆行驶速度。

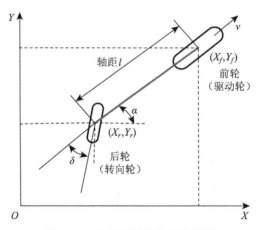

图 7.31　收获机底盘运动学模型

7.4.2　纯路径追踪算法模型

在玉米收获机运动学模型的基础上构建纯路径追踪算法模型[9],如图 7.32 所示,其中 (G_x, G_y) 为规划路径上的预瞄点;(C_x, C_y) 为车辆当前位置;l_d 为预瞄距

离；α 为车身与预瞄点连线的夹角。

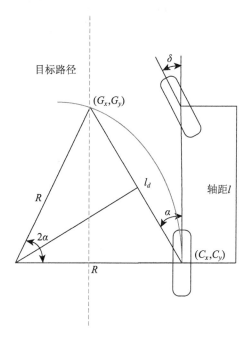

图 7.32　纯路径追踪算法模型

由正弦定理可得

$$
\begin{cases}
\dfrac{l_d}{\sin(2\alpha)} = \dfrac{R}{\sin\left(\dfrac{\pi}{2} - \alpha\right)} \\[3mm]
\dfrac{l_d}{\sin\alpha} = 2R
\end{cases}
\tag{7.27}
$$

根据阿克曼转向原理，计算转角 δ 与转弯半径 R 的关系：

$$
\tan\delta = l / R
\tag{7.28}
$$

根据式（7.27）与式（7.28）可得前轮转角控制量：

$$
\delta = \arctan\left(\dfrac{2l\sin(\alpha(t))}{l_d}\right)
\tag{7.29}
$$

通过上式计算转向轮转角实现路径跟踪，必须确定底盘航向角与预瞄点连线的夹角 α、前视距离 l_d。前视距离目前主要根据经验确定，下面提出前视距离的自适应确定算法。

7.4.3 前视距离自适应确定方法

以纯路径控制器为代表的几何路径跟踪控制器被广泛地使用在农机装备自动驾驶领域中，能够实现基本路径跟踪。但是，较短的前视距离会导致底盘路径跟踪过程振荡，较长的前视距离会导致底盘曲线跟踪过程转向不足。针对该问题，本节提出最佳前视距离确定方法，如图 7.33 所示，图中 (X_g, Y_g) 为规划路径上的预瞄点，(X, Y) 为底盘当前位置[10]。

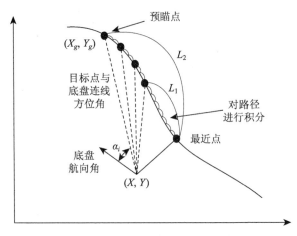

图 7.33　自适应预瞄距离确定示意图

算法流程如下所示。

（1）跟踪路径离散化，根据底盘当前位置，确定底盘距离跟踪路径的最近点。

（2）以最近点为起始位置，沿跟踪路径积分，基于底盘行走速度确定预瞄点起始位置 L_1 和预瞄点终止位置 L_2。

（3）通过预瞄点起始位置 L_1 和终止位置 L_2 确定预瞄区域，计算预瞄区域路径曲率 C。

（4）以地球正北方位为参考方向，通过底盘经纬度坐标和预瞄区域内轨迹坐标点，计算预瞄区域内的目标点与底盘位置的预瞄方位角 α_i，构造预瞄方位角集合 $\{\alpha_i\}$。确定最优预瞄方位角为

$$\mathrm{azi}(\alpha) = \begin{cases} \max\{\alpha_i\}, & C \geqslant C_{\mathrm{OPT}} \\ \min\{\alpha_i\}, & C < C_{\mathrm{OPT}} \end{cases} \qquad (7.30)$$

式中，C_{OPT} 为预瞄区域临界路径曲率。

（5）判定底盘与跟踪轨迹位置关系，设计收获机底盘转向逻辑，计算底盘转向角度为

$$
\text{steering}(\alpha) = \begin{cases}
\text{azi}(\alpha) & \text{且 direction} = -1, & 0° \leqslant \delta \leqslant 180° \\
360° - \text{azi}(\alpha) & \text{且 direction} = +1, & \delta > 180° \\
-\text{azi}(\alpha) & \text{且 direction} = +1, & -180° < \delta < 0° \\
360° + \text{azi}(\alpha) & \text{且 direction} = -1, & \delta \leqslant -180°
\end{cases}
\tag{7.31}
$$

式中，direction 表示转向方向，-1 表示右转、+1 表示左转。

（6）将底盘转向角度 steering(α) 代入式（7.32）可得出前轮转角 δ，即可开展路径跟踪。

$$
\delta = \arctan\left(\frac{2l \sin(\text{steering}(\alpha))}{l_d} \right)
\tag{7.32}
$$

式中，l 为收获机轴距；l_d 为前视距离。

7.4.4　仿真分析

根据收获机底盘运动学模型、纯路径跟踪算法及其前视距离自适应确定方法，在 Python 软件中建立仿真模型，仿真模型如图 7.34 所示。

设计包含直线和曲线转向的规划路径，开展前视距离固定和前视距离自适应确定的仿真分析，仿真结果如图 7.35 所示。

如图 7.36(a)为直线路径跟踪结果，可以看出底盘与跟随路径的横向偏差缓慢减小，采用前视距离自适应确实算法能够有效提高收获机底盘上线速度。曲线路径跟踪结果如图 7.36(b)，本节提出的跟踪算法显著提高了曲线转弯阶段的跟踪精度。

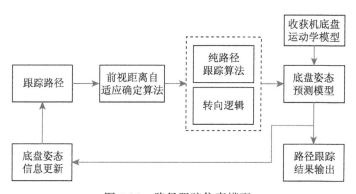

图 7.34　路径跟踪仿真模型

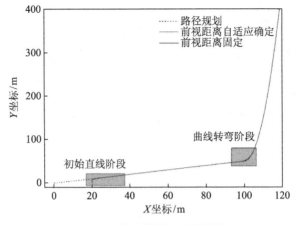

图 7.35　仿真结果（见彩图）

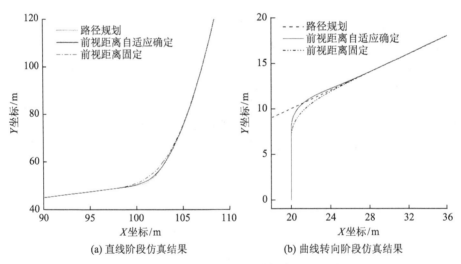

(a) 直线阶段仿真结果　　　　　　　(b) 曲线转向阶段仿真结果

图 7.36　路径跟踪仿真分析

7.4.5　算法试验

在底盘的初始位置与路径横向偏差分别为 0.58m、1.38m 和 2.35m 时，开展直线路径跟踪实车试验，试验结果如图 7.37 所示。

试验结果表明底盘能够快速上线，横向偏差 0.58m 和 1.38m 上线过程超调量较小，且能够快速上线。横向偏差 2.35m 产生明显的超调量，但是上线距离仍然小于10m。分别开展 3 次重复试验（试验 1、试验 2 和试验 3），直线过程路径跟踪精度如图 7.38 所示，在理想路面收获机横向位置偏差小于 8cm。

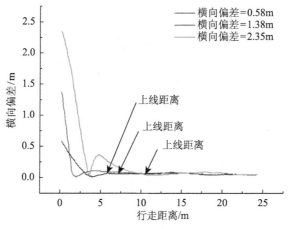

图 7.37　路径跟踪试验（见彩图）

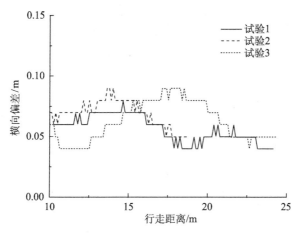

图 7.38　路径跟踪横向位置偏差

7.5　田间无人收获试验

7.5.1　玉米籽粒收获机简介

在中联重机股份有限公司生产的 CF50 玉米籽粒收获机的基础上开展玉米籽粒无人收获关键技术研究，CF50 玉米籽粒收获机如图 7.39 所示，性能指标如表 7.6 所示。

图 7.39　CF50 玉米籽粒收获机

表 7.6　玉米籽粒收获机性能指标

参数名称	单位	参数值
整机尺寸（长×宽×高）	mm	8230×3360×3420
驱动轮胎轮距	mm	1910
转向轮胎轮距	mm	1810
最小离地间隙	mm	300
整机重量	kg	7080
发动机排放	—	国Ⅲ
发动机功率	kW/hp	129/175
燃油消耗率	kg/hm²	≤35
变速箱形式	—	机械变速
割幅	mm	500～620
行数		5
脱粒装置型式	—	单纵轴流
滚筒宽度×直径	mm	3230×550
分离机构型式	—	栅格式
分离面积	m²	2.39
清选机构型式	—	风筛式
清选面积	m²	2.1

1hp = 745.700W

7.5.2　无人收获机改装

在 CF50 玉米籽粒收获机上安装无人驾驶系统,北斗双天线安装在驾驶室顶部。无人收获机自动转向系统安装效果如图 7.40 所示,自动转向执行机构与原车液压-转向机构连接实现自动转向,通过在转向驱动电机输出轴安装电磁离合器和扭矩传感器实现人工驾驶和自动驾驶的自动切换。

开展自动转向标定试验,收获机转向车轮转向平均误差小于 0.1°,最大误差 0.158°,±20°阶跃信号响应时间 1.2s,超调量小于 1%。

选择 Mini-ITX 迷你型 3.5 寸板载 4GB 内存嵌入式车载主板，支持通电开机，工作温度-40°~60°，抗 10g 加速度冲击，如图 7.41 所示。采用 Linux 嵌入式开发自动驾驶上位机软件，软件界面能够实时显示底盘航向、横向偏差以及收获轨迹，通过触摸的方式实现人机交互，如图 7.42 所示。

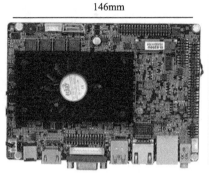

图 7.40　自动转向机构安装　　　　图 7.41　嵌入式车载主板

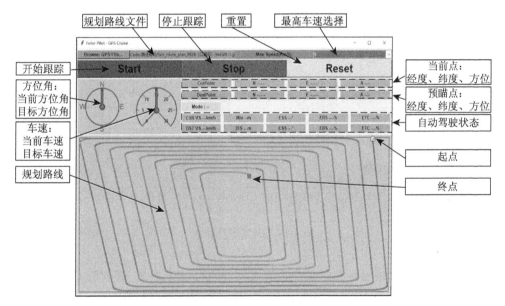

图 7.42　无人驾驶上位机控制软件

7.5.3　无人收获田间试验

2019 年 9 月 28 日在安徽省利辛县开展玉米无人收获田间试验，基于田块几何信息规划收获路径，开展无人收获作业。如图 7.43 所示，在玉米已收获区域收获整齐，无未收获玉米，在待收获区域，能够看出上一次无人收获整齐，无未收获玉米。

图 7.43　玉米无人收获田间试验

　　规划路径和无人收获轨迹如图 7.44 所示，可以看出收获轨迹与规划路径基本重合，在地头转向位置，也能够进行转向收获作业。

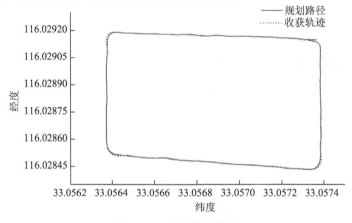

图 7.44　底盘跟踪轨迹

　　收获机无人驾驶过程横向偏差如图 7.45 所示，直线跟踪过程横向偏差平均值为 0.049m，偏差 0.032m。转向收获过程，横向偏差小于 0.35m。

　　收获机跟踪过程车轮转向角度变化如图 7.46 所示，可以看出方向盘在初始跟踪阶段先往左转，然后右转，最后保持中位，并实时微调，方向盘自动转向过程运行平稳。在直线跟踪阶段，转向轮在中位附近变化，变化平稳，未出现振荡，说明自动转向系统和路径跟踪系统直线跟踪性能较好，能够满足直线阶段路径跟踪。在转向阶段方向盘转角幅度较大，但是转向稳定，未出现振荡现象，说明自动转向系统、路径跟踪系统和路径规划在收获机地头转向过程中，具有较好的适应性，能够满足地头转向的技术要求。

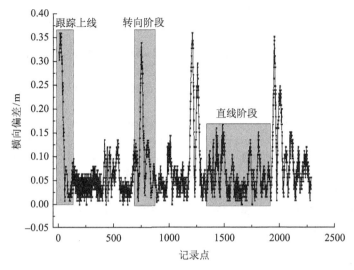

图 7.45　收获机无人驾驶过程横向偏差

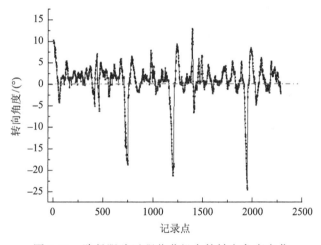

图 7.46　路径跟踪过程收获机车轮转向角度变化

参 考 文 献

[1]　汤庆涛.基于电液集成控制的拖拉机无人驾驶系统设计与试验[D]. 合肥: 安徽农业大学,
　　　2019.

[2]　杨洋,张刚,查家翼,等.基于直流电机与全液压转向器直联的自动转向系统设计[J]. 农业机械
　　　学报, 2020, 51(8): 44-54.

[3]　陈黎卿,许泽镇,解彬彬,等.无人驾驶喷雾机电控系统设计与试验[J].农业机械学报, 2019,
　　　50(1): 122-128.

[4] 陈黎卿, 解彬彬, 李兆东, 等. 基于双闭环 PID 模糊算法的玉米精量排种控制系统设计[J]. 农业工程学报, 2018, 34(9): 33-41.

[5] 柏仁贵. 基于北斗导航的高地隙底盘自动驾驶系统设计与试验[D]. 合肥: 安徽农业大学, 2019.

[6] 昝杰, 蔡宗琰, 梁虎, 等. 基于 Bezier 曲线的自主移动机器人最优路径规划[J]. 兰州大学学报(自然科学版), 2013, 49(2): 249-254.

[7] Hossein M. A technical review on navigation systems of agricultural autonomous off-road vehicles [J]. Journal of Terramechanics, 2013, 50(3): 211-232.

[8] 许鸣. 高地隙植保机械辅助驾驶系统设计与试验[D]. 合肥: 安徽农业大学, 2019.

[9] 李永丹, 马天力, 陈超波, 等. 无人驾驶车辆路径规划算法综述[J]. 国外电子测量技术, 2019, 38(6): 72-79.

[10] 王辉, 王桂民, 罗锡文, 等. 基于预瞄追踪模型的农机导航路径跟踪控制方法[J]. 农业工程学报, 2019, 35(4): 11-19.

彩　　图

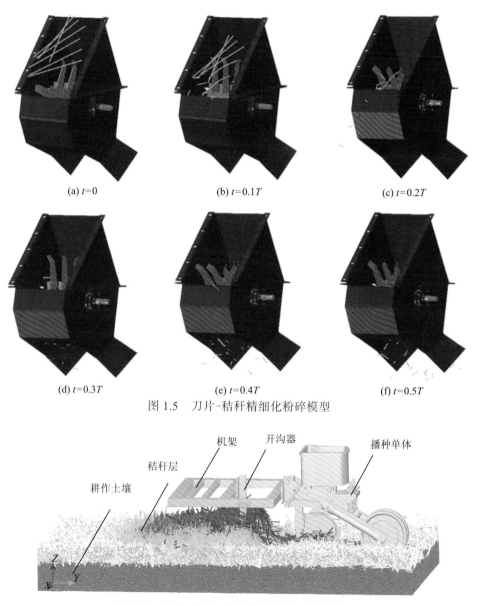

(a) $t=0$　　　　　　　　(b) $t=0.1T$　　　　　　　(c) $t=0.2T$

(d) $t=0.3T$　　　　　　　(e) $t=0.4T$　　　　　　　(f) $t=0.5T$

图 1.5　刀片-秸秆精细化粉碎模型

机架　开沟器　播种单体

秸秆层

耕作土壤

Z
X　Y

图 2.7　土壤-秸秆-耕作部件离散元仿真模型

(a) 初始状态

(b) 变形状态

(c) 挤压状态

(d) 滑移状态

图 2.9   滑切式开沟器与秸秆层作用秸秆壅堵过程仿真

图 2.10　滑切式开沟器与秸秆层作用过程的高速摄像图片

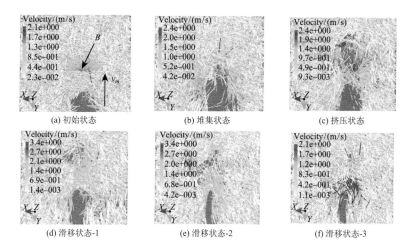

(a) 初始状态　　　　　(b) 堆集状态　　　　　(c) 挤压状态

(d) 滑移状态-1　　　　(e) 滑移状态-2　　　　(f) 滑移状态-3

图 2.12　秸秆块运动过程

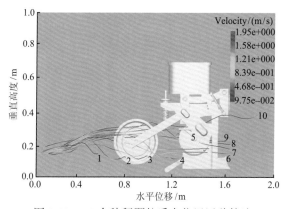

图 2.13　10 个秸秆颗粒质点位置迁移轨迹

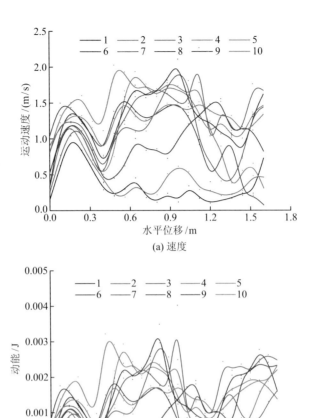

(a) 速度

(b) 动能

图 2.14   10 个秸秆颗粒质点随位移变化的速度与动能曲线

图 3.11   秸秆-土壤-防堵机构离散元仿真模型

(a) 秸秆层移动区域

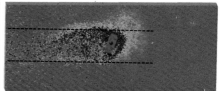
(b) 土壤层移动区域

图 3.12 秸秆层和土壤层的移动区域

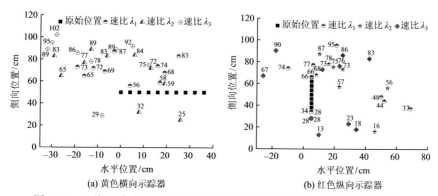
(a) 黄色横向示踪器

(b) 红色纵向示踪器

图 3.19 3 种运动速比工况下秸秆示踪器作业前后的二维位置分布图

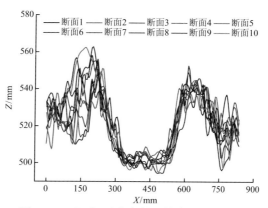
图 3.29 "U"型盆沟断面轮廓叠加曲线

(a) 3.52s

(b) 4.48s

(c) 4.63s

(d) 4.74s

图 4.7 指夹式排种器单粒排种仿真过程

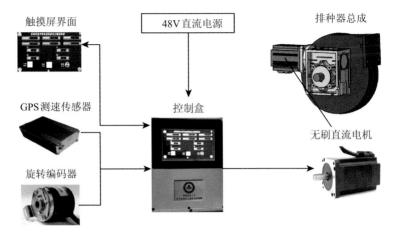

图 4.9　电控排种器组成

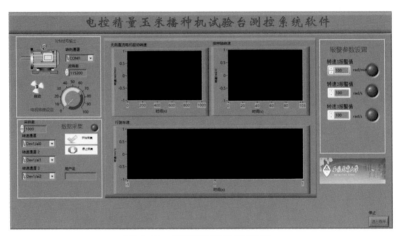

图 4.23　测试系统软件界面

图 4.25　雷达测速仪安装方式

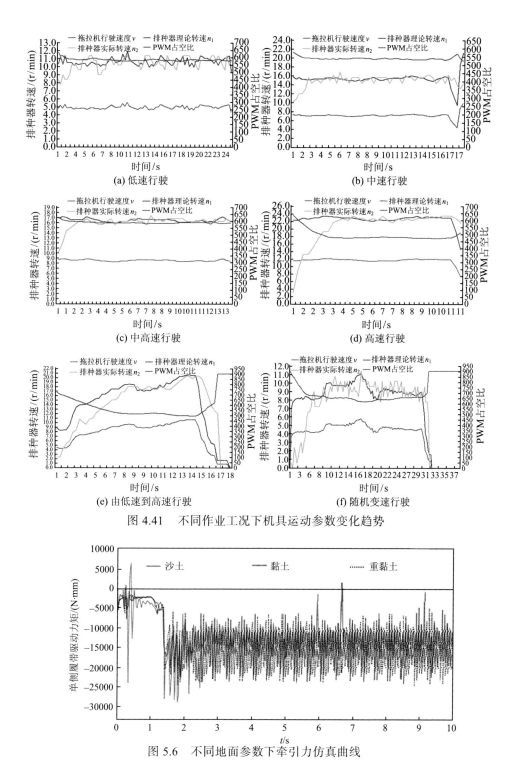

图 4.41　不同作业工况下机具运动参数变化趋势

图 5.6　不同地面参数下牵引力仿真曲线

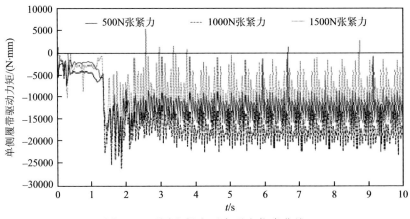

图 5.7　不同张紧力下牵引力仿真曲线

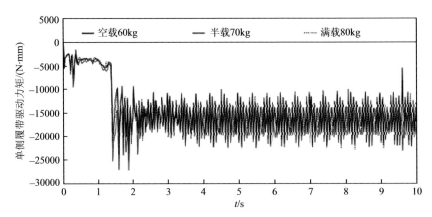

图 5.8　不同负载下牵引力仿真曲线

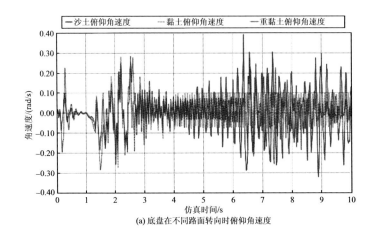

(a) 底盘在不同路面转向时俯仰角速度

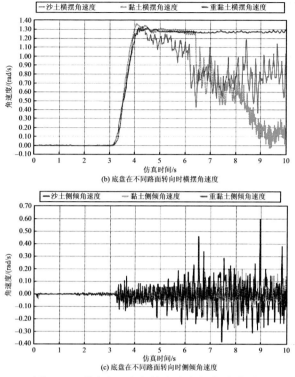

(b) 底盘在不同路面转向时横摆角速度

(c) 底盘在不同路面转向时侧倾角速度

图 5.9　不同路面底盘转变稳定性仿真曲线

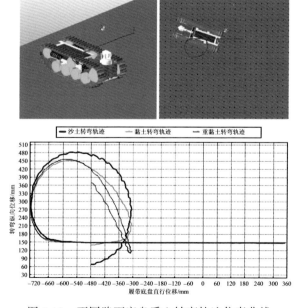

图 5.10　不同路面底盘质心转弯轨迹仿真曲线

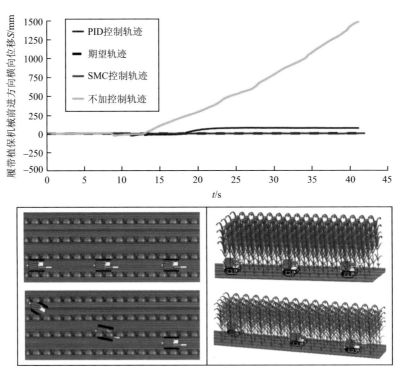

图 5.25　仿真结果图

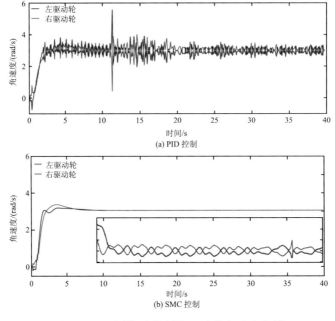

图 5.26　不同算法控制的驱动轮角速度曲线

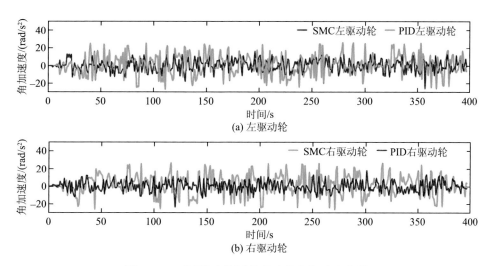

图 5.27　不同算法控制的驱动轮角加速度曲线

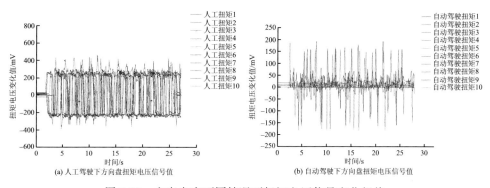

图 7.19　方向盘在不同情况下扭矩电压信号变化规律

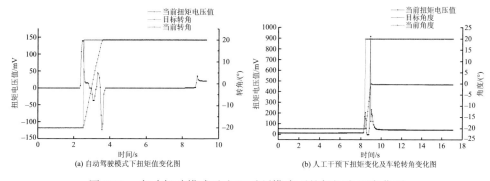

图 7.20　自动驾驶模式及人工干预模式下的扭矩电压变化图

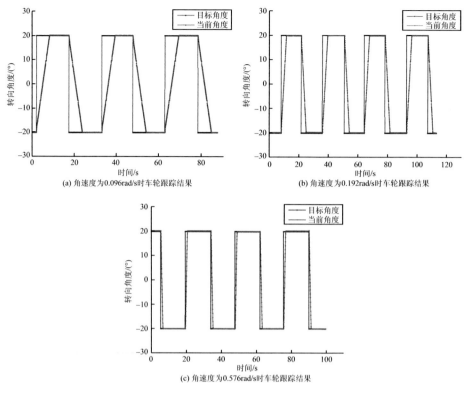

(a) 角速度为0.096rad/s时车轮跟踪结果

(b) 角速度为0.192rad/s时车轮跟踪结果

(c) 角速度为0.576rad/s时车轮跟踪结果

图 7.22　角速度控制算法测试响应图

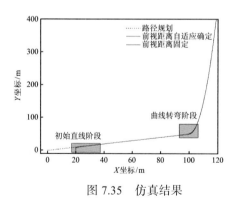

图 7.35　仿真结果

图 7.37　路径跟踪试验